青海省主要活动构造和历史地震研究

李智敏　谢　虹　任治坤
马建新　王　勃　李文巧　著

地震出版社

图书在版编目（CIP）数据

青海省主要活动构造和历史地震研究／李智敏等著. —北京：地震出版社，2021.8
ISBN 978-7-5028-5336-5

Ⅰ.①青…　Ⅱ.①李…　Ⅲ.①地质断层—地震活动性—研究—青海　Ⅳ.①P315.5

中国版本图书馆 CIP 数据核字（2021）第 166192 号

地震版　　**XM4925/P（6135）**

青海省主要活动构造和历史地震研究

李智敏　谢　虹　任治坤　马建新　王　勃　李文巧　著

责任编辑：王　伟
责任校对：凌　樱

出版发行：**地 震 出 版 社**

　　　　　　北京市海淀区民族大学南路 9 号　　　　　　　　邮编：100081
　　　　　　销售中心：68423031　68467991　　　　　　　传真：68467991
　　　　　　总 编 办：68462709　68423029
　　　　　　编辑二部（原专业部）：68721991
　　　　　　http://seismologicalpress.com
　　　　　　E-mail：68721991@sina.com

经销：全国各地新华书店
印刷：河北文盛印刷有限公司

版（印）次：2021 年 8 月第一版　2021 年 8 月第一次印刷
开本：787×1092　1/16
字数：333 千字
印张：13
书号：ISBN 978-7-5028-5336-5
定价：100.00 元

前　　言

　　青藏高原的强烈隆起是新生代地球史上发生的重大地质事件，是印度板块向北与亚洲板块直接碰撞挤压的结果。其新构造变形与演化的地球动力学机制一直是国际地球科学研究的前缘领域。对它的研究不仅涉及新生代地球构造活动演化史的重建，而且还涉及全球变化研究，特别是地震机理研究等诸多前缘学科。据统计，青藏高原及周缘地区7级以上地震占整个中国大陆7级以上地震的70%，很大程度上青藏地区的地震活动对中国大陆西部地区地震活动有很大的控制作用。青海省位于青藏高原东北部，省内主要的活动构造有50余条（图1）。这些主要的活动构造控制了青海省中强地震的发育，严重影响了青海省经济社会的发展，如1990年共和7.0级地震，2001年昆仑山口西的8.1级地震，2003年德令哈6.6级地震，2006年玉树5.6、5.4级地震群等。2008年汶川8.0级地震后，我省强震频发，如2008年、2009年大柴旦地区发生了两次6级地震序列，2009年治多地区和唐古拉山地区连续发生9次5级以上地震，2010年玉树发生了7.1级强震，2016年门源发生了6.4级地震和杂多6.2级地震，这些地震不同程度的造成了人员伤亡与财产损失。这些地震可能是整个青藏块体变形的响应，因此对青海省内地震活动构造与地震危险性的研究已迫在眉睫。

　　青海省内发育50余条区域性的断裂（图1），作者在青海省工作近20年，对青海省内14条主要断裂有过研究工作，分别是日月山断裂，拉脊山南、北缘断裂，鄂拉山断裂，宗务隆山断裂，玛多—甘德断裂，青海南山北缘断裂，夏日哈北侧断裂，夏日哈断裂，热水—桃斯托河断裂，昆中断裂，东昆仑断裂和玉树—甘孜断裂玉树段等，通过对这些断裂活动性的总结，力求获得青海省内地震构造特征及其地震危险性的新认识。研究结果有助于为青海省强震活动趋势判定、青海省重大工程选址及地震安全性评价工作等提供科学依据；为青藏块体的演化与变形提供参考。

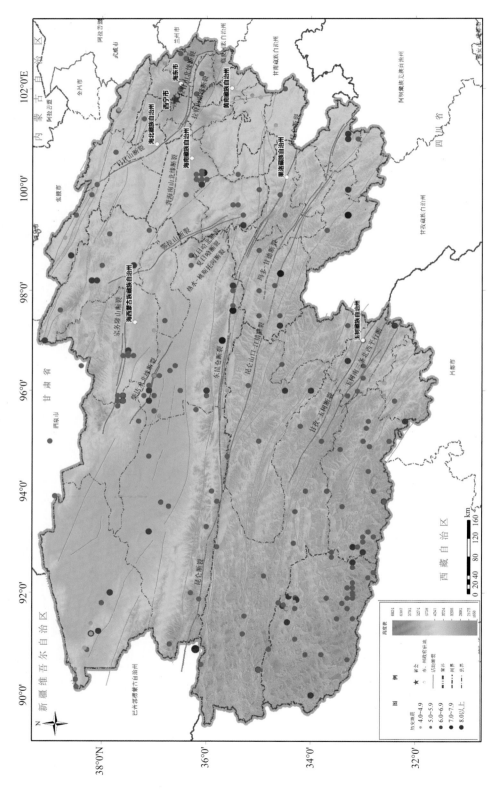

图 1　青海省主要活动构造

一、青海省内活动构造研究历史、现状

青藏高原地震活动频繁，是一个天然的构造地震预测研究试验场，对青藏高原地震活动规律、活动构造的研究历来是国内外研究的热点。

青海省内主要的活动构造有50余条，这些构造除祁连山地区、昆仑山地区研究程度较高外（20余条），其他地区研究程度相对较低，甚至空白。

国外：中英联合考察队（1988年）、日本国立静冈大学地球科学系林爱明研究组（2001年）、法国的Tapponnier、Kidd和Molnar（1988年）等组织和个人先后做过研究。

国内：20世纪，原中国科学院兰州地球物理研究所（1963年），原国家地震局兰州地震大队（1971年），青海省地震局、国家地震局地壳应力研究所（1986~1990年）曾对青海省内的数条断裂做了科学考察。2001年昆仑山口西8.1级地震后，青海省地震局（2001年）、中国地震局地震科学考察队（2002年）、中国地震局地质研究所（1999年）等研究机构先后对昆仑山地区活动构造做了不少研究，对日月山断裂、鄂拉山断裂和柴北缘断裂等前人都做了研究工作。

二、研究方法

（1）高清晰卫星影像数据处理技术。

（2）古地震槽探技术。

（3）地质体测年技术（^{14}C：^{14}C测年，TL：热释光测年，OSL：光释光测年）。

（4）活动构造强震危险性评价技术。

三、研究范围、内容与技术线路

1. 研究范围与内容

1）青海省活动构造特征研究

（1）利用ENVI遥感处理软件，对研究区主要活动构造卫星遥感图像进行处理和综合解译，获得本区活动构造的基本图像与几何结构。

（2）野外地质地貌调查和填图，试图获得断裂的地貌特征。

（3）通过大探槽开挖获取主要活动构造带的最新活动时代特征；如果该段地层沉积序列好，可获得断裂带上该段的古地震活动特征。

（4）研究区域性活动构造的细节参数，如地震活动强度、发震段落、古地震期次、同震位移量、级联破裂模式以及断裂不同段落的地震危险性。达到掌握区域地壳稳定性、断块运动方式、活动断裂活动状态与发展趋势、强地震原地复发概率与迁移规律的目标。

2）对青海省中强以上历史地震资料进行收集、归纳和总结

青海省地震局最早有资料记录的历史地震是 1947 年达日 7¾ 级地震。由于地震历史记录比较久远，早期的报告由于没有统一的格式和内容要求，考察报告显得有些杂乱，资料不全而且零碎，2002 年青海省地震局进行过一次整理工作（孙洪斌、李涛、马建新、裴丽萍），本文作者在查阅大量资料和文献的基础上，对历史地震等震线和震害特征等资料进行收集整理，为后续的地震研究工作提供宝贵的第一手资料。

2. 研究中采取的技术路线和研究方法

1）青海省活动构造特征研究

本项研究从高清晰度航卫片影像活动构造解译入手，通过活动断裂追踪考察和新构造活动形迹研究，应用地质体测年技术，借助古地震槽探技术，研究断裂的活动性及其滑动速率，区段内古地震的期次、强度及复发间隔。最终目的是通过研究断裂带的活动历史、活动习性（古地震）和强震构造遗迹特点，研究断裂带本身及其所在区域未来地震对该区经济建设的潜在影响。

（1）活断层野外调查。该方法已趋成熟，已成为最常规、最直接的手段。

（2）高分辨率卫星影像解译是寻找活动断裂的重要手段，近年来得到广泛推广。本课题使用的高精度遥感影像主要有——无人机 DEM 影像（厘米级）、IKNOS（分辨率近 1m）、SPOT（分辨率 10m）、TM 等。

（3）地质测年技术，作为地质界一直应用的手段，技术已经完全成熟，且测年技术、手段越来越丰富、精确度越来越高。

（4）选择典型地段开挖探槽剖面，细致写实地记录剖面信息，科学合理地采取年代样品。用沉积环境学、微地貌学、构造学的知识综合判断可能存在的古地震遗迹、被断错的标志地层及事件的位移量。采用逐次限定方法和其他统计方法，综合分析及恢复研究区的古地震活动历史及断层的活动习性。

2）历史地震总结

由于 2000 年之前历史地震资料图大多为手绘图，我们通过对地震烈度图进行配准并矢量化，以 20m 分辨率 DEM 资料为底图，增加了断裂构造等属性。

对历史地震记录的文字进行梳理和校对，对地震烈度图进行配准和矢量化处理，并走访当时历史地震现场工作人员，力求对记录的震感和地震破坏程度更加准确。

参与本项研究和提供资料的人员还有李涛、刘金瑞、哈广浩、张弛、熊仁伟、万秀红、杨芳等，在此深表感谢！

目　　录

第一章　青海省区域地质构造演化

　　地壳上一个有限单元的区域地质发展史是由该区及其外围一系列重大地质事件发生、发展和终结的进程编纂而成。一般来说，这些事件可能包括地幔的坳隆、陆壳的消长、地块的离合、山体的存亡、水圈的进退、气候的冷暖、生物的兴衰、岩浆的熔结、变质的强弱以及成矿元素的集散等等。其中哪些事件有能发生，这些事件又具有什么样的特点，这不但受地球整体演化规律的制约，而且与该区边界条件密切相关。

　　青海长期处于古中国地台及古欧亚大陆的活动边缘，对地壳运动有着较敏感的反映，其区域构造演化可以追溯到 25 亿年前的元古代，并可划分为三个发展时期和七个演化阶段。第一个发展时期为早寒武世以前的 20 亿年，包括前震旦纪阶段和震旦纪—早寒武世阶段，其构造演化的主要特点是均匀、缓慢、平静和高热等方面，这一时期通称为古中国地台逐步形成时期，省内的古柴达木地台和古唐古拉地台逐步形成；第二个发展时期从中寒武世到中侏罗世早巴通期，共历时 3.75 亿年，以中志留世和中石炭世为界分为三个演化阶段，其演化的主要特点是复杂、快速、活动和多能等，这一时期古地台进一步分化、发展，祁连加里东地槽和松潘—甘孜印支地槽先后形成并封闭，可以说是青藏高原北部陆壳结构奠定基础的时期；从中侏罗世晚巴通期以来，本区的构造演化进入了第三个发展时期，是青藏高原构造域逐步形成和以陆内造山作用为主的时期，故可简称为陆内造山期，其基本特点是海水基本退尽，大陆景观和生态占主导地位，造山形式复杂，均衡山系拔地而起，地幔以坳陷为主，陆壳水平增长已全面转化为垂直加积，变质作用弱不可查，逐步形成了山高壳厚的"世界屋脊"。

　　现着重概述区域构造演化的最新阶段——新生代阶段。

　　由于全球纬向扩张的中心转移到藏南和印度洋，青藏高原"四台围限"的边界和地幔坳陷格局已经成型。所以本区转化为以陆内推覆造山和强烈的抬升为主，地壳大幅度水平收缩，垂直方向加厚，大型山间盆地不断发展，高原逐步形成。

　　始新世—渐新世时期，祁连山、西秦岭巴颜喀拉山仍为剥蚀区。柴达木盆地和西宁盆地等重新成为湖区，可可西里和唐古拉山西段古湖群开始出现。早第三纪末期发生了喜马拉雅运动第一幕，不仅使中新统与下伏地层不整合接触，还使柴达木盆地和西宁—民和盆地在早第三纪断陷的基础上，于晚第三纪同步进入全面沉降、坳陷，形成沉降幅度很大的大、中型内陆盆地。同时还造就了共和盆地、昆仑南缘坳陷、可可西里坳陷、唐古拉北缘坳陷和囊谦、杂多—吉曲以及疏勒河、大通河等断陷盆地。

　　中新世开始，星罗棋布的山间盆地进一步发展，与剥蚀山之间的高差日趋显著。于中新世末期发生的喜山运动第二幕，内陆推覆造山运动非强强烈，使高原进入强烈抬升时期。

　　上新世沉积作用继承了中新世的特点。在第三纪与第四纪间发生了喜马拉雅运动的第三幕，这是整个喜马拉雅运动最强烈、波及范围最广、意义最为重大的一次造山运动。首先，造就第三系与下更新统之间的角度不整合关系。其次，产生青海湖、花海子、茶卡、托索湖等新的盆地，而柴达木、西宁、共和盆地继续大幅度下降。第三，使高原地壳水平方向缩短，高原强烈隆升；古褶皱山复活，发生强烈断块隆起，阿尔金山、祁连山、东昆仑山、唐古拉山、巴颜喀拉山开始形成；在山前及山间发生强烈推覆、逆掩，形成拉脊山、阿尔金山、柴达木盆地南北缘、阿尼玛卿山、苦海、昂赛—莫云等十分壮观的推覆体和辗掩构造。

第四纪以来，于中、晚更新世之间发生了喜山运动第四幕，盆地与山区继续发展。省内最后一条山脉——阿尔金山形成，柴达木盆地湖区收缩，盐类成矿作用日益显著。其余山区山岳冰川发育。独具一格的青藏高原终于成为全球宏伟山系汇聚的主要地区。

第二章 青海省大地构造特点

青海地处我国西部大地构造单元的枢纽地带，外围滨邻塔里木台地、中朝准台地、扬子准台地、秦岭褶皱系、三江褶皱系和喀喇昆仑唐古拉褶皱系。

根据大地构造单元的时空演化属性，并且充分考虑地质特征与地球物理场的相关性，依据《中国大地构造及其演化》（黄汲清等，1980）和《新一代中国大地构造图》（任纪舜，2003）中关于大地构造单元的划分方法，对工作区进行了大地构造单元的划分。将青海主体构造划分为两台两槽，含22个二级构造单元（表2.0-1、图2.0-1）。

表 2.0-1 青海省一、二级构造单元划分简表

一级单元	二级单元	一级单元	二级单元
祁连加里东褶皱系（Ⅰ）	北祁连褶皱带Ⅰ-1	松潘甘孜印支褶皱系（Ⅲ）	青海南山褶皱带Ⅲ-1
	中祁连中间隆起带Ⅰ-2		西倾山中间地块Ⅲ-2
	拉脊山褶皱带Ⅰ-3		阿尼玛卿褶皱带Ⅲ-3
	南祁连褶皱带Ⅰ-4		北巴颜喀拉山褶皱带Ⅲ-4
柴达木准地台（Ⅱ）	柴达木北缘台缘褶皱带Ⅱ-1		南巴颜喀拉山褶皱带Ⅲ-5
	欧龙布鲁克台隆Ⅱ-2		通天河褶皱带Ⅲ-6
	柴北缘残山断褶带Ⅱ-3	唐古拉准地台（Ⅳ）	巴圹台缘褶皱带Ⅳ-1
	柴达木盆地台坳Ⅱ-4		乌丽—昂欠台隆Ⅳ-2
	大通沟南山断隆Ⅱ-5		小唐古拉台坳Ⅳ-3
	祁漫塔格断褶带Ⅱ-6		类乌齐断褶带Ⅳ-4
	东昆仑北坡断隆Ⅱ-7		
	柴达木南缘台缘褶皱带Ⅱ-8		

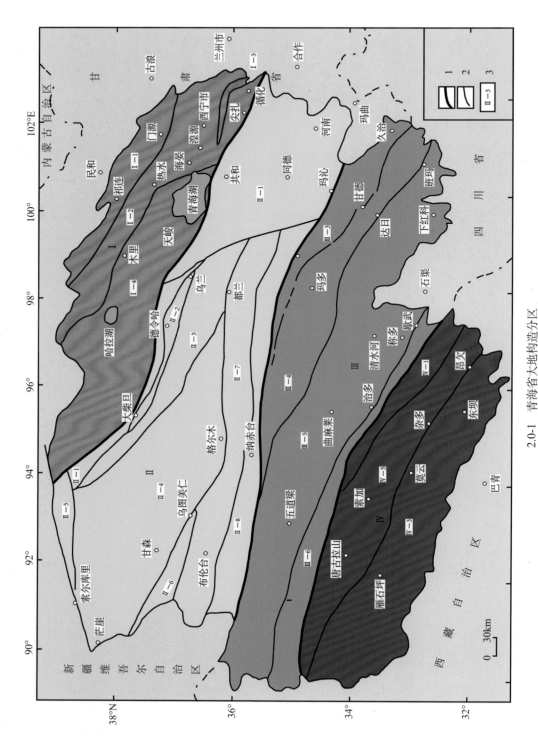

2.0-1　青海省大地构造分区

1.一级构造单元分界线；2.二级构造单元分界线；3.构造单元分区编号

第三章 青海省新构造运动地球动力学特点

3.1 区域形变场、应力场背景

　　青藏高原中部发育数条北西西走向的左旋走滑断裂，将青藏地块分割成几个不同形状的次级地块（拉萨、羌塘、昆仑、柴达木、祁连）。图 3.1－1 是 GPS 速度场插值均匀网格所确定的青藏高原现今地壳应变率场（梁诗明，2014）。从图可以看出青藏高原及周边存在几个明显的变形区域：

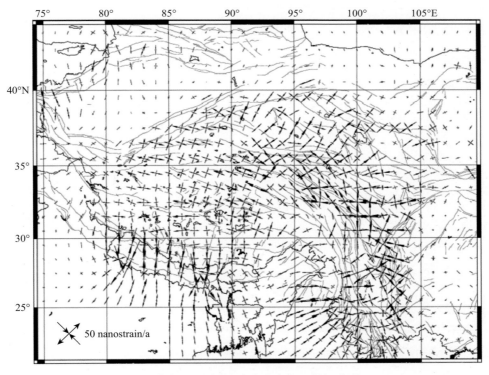

图 3.1－1　青藏高原及周边现今应变率场（据梁诗明（2014））

　　（1）在整个喜马拉雅弧形区域，在沿印度板块与欧亚板块会聚的方向上承受着强烈的挤压缩短，典型的压缩应变率为 30～60nanostrain/a。

　　（2）在青藏高原中南部区域，沿印度板块与欧亚板块会聚的方向上，挤压缩短的典型应变率明显地减小为 20~30nanostrain/a。但是，该区域横向拉伸应变率变得非常明显，典型量值为 20~30nanostrain/a，局部高达超过 40nanostrain/a。这种明显拉张应变与该地区广泛发育的南北向正断层是相一致的。

（3）在青藏高原东部，典型的应变场表现为明显的近南北向拉伸，典型量值为 20~40nanostrain/a。而青藏高原东南角，应变强烈且方向变化复杂，不过，大致东西向的扩散拉张和南北向的挤出式压缩特征非常清晰。

（4）青藏高原东北部区域，应变状况比较均匀，主要表现为 NE—SW 向挤压和 NW—SE 向拉伸，挤压应变的典型量值为 15~45nanostrain/a，拉张应变的典型量值为 10~20nanostrain/a。

获得青藏高原相对于外围稳定区域的垂向运动速度场（图 3.1-2，据梁诗明（2014）），直观而定量地显示出：青藏高原相对其外围的稳定块体，整体上仍处于持续隆升过程中，但并非所有的区域均处于隆升状态，局部区域不再隆升甚至表现为下降的状态，主要表现在：

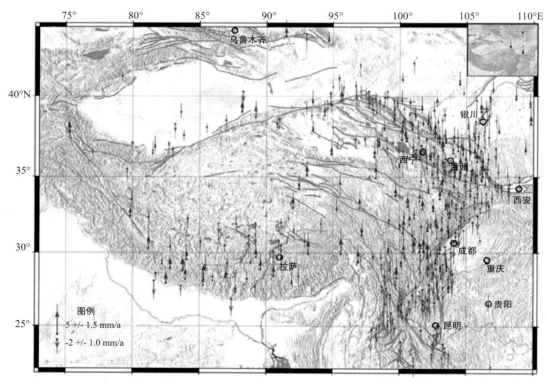

图 3.1-2　青藏高原及周边现今垂向运动 GPS 速度场（相对高原外围的稳定块体）（据梁诗明（2014））
蓝色箭头表示隆升，红色箭头表示下降

（1）高原南缘的喜马拉雅山相对南、北坡普遍表现为强烈的隆升。

（2）高原东部主要特征是龙门山地区大于 2.5mm/a 的强烈隆升，高原一侧的相对隆升和高原外围的相对下降；贡嘎山一带具有突出的垂向运动；高原东南缘则是较大范围内弱，局部区域呈下降态势。

（3）青藏高原东北部地区高原青藏高原一侧则普遍隆升，局部地区存在更高的隆升速度，而外侧为弱隆升。

（4）青藏高原中南部一个纵、横范围约500km×1500km的区域呈现出明显的下降状态，平均下降速率在0～−2mm/a。该区域既是一系列NE向正断裂广泛发育的横向拉张区域，亦是青藏高原近千个湖泊集中分布的内流区。

青海省内记录到的最大地震为2001年11月14日昆仑山口西8.1级地震，8.1级地震发生的最大破裂区（宏观震中）恰好位于整个中国大陆第二剪切应变率负值区的最高值区（图3.1－3），GPS观测给出的最大剪应变率、第二剪应变的极值区都偏于发震断层的南侧（图3.1－4），也反映出高应变积累主要在主干断裂南侧，正是在这样的构造变形背景下，这次大地震的破裂错动才是以南盘向东的错动为主。从另一方面，利用地壳观测网络获得的地壳水平运动速度场资料研究昆仑山口西8.1级地震前区域构造变形背景，表明此次地震的孕育和发生与大区域的水平运动和变形背景有关，可能是较大尺度的地块活动行为，此次地震发生在与断裂走向一致的左旋剪切应变率量值最高的区域和面膨胀应变的张性区。

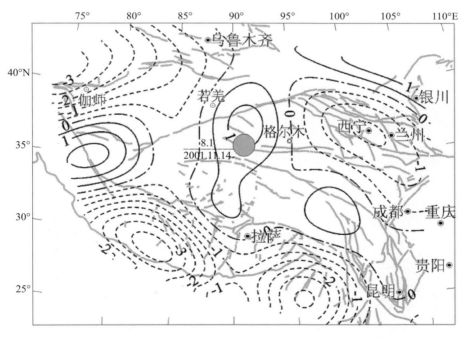

图3.1－3　青藏块体及周边应变率场第一剪应变等值线图（江在森等，2003）

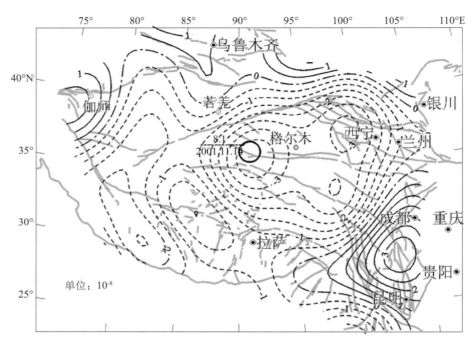

图 3.1 - 4 　青藏块体及周边应变率场第二剪应变等值线图（江在森等，2003）

3.2　青藏高原地区震源机制解所反映的应力场特征

　　利用构造地震震源机制结果去研究揭示构造应力与形变状态特征已成为一个重要途径。在青藏高原北部地区，从 1900 年以来 6 级以上地震的 P 轴优势方向为 N20°~40°E，总体与区域应力场的方向一致（图 3.2 - 1）。郑斯华根据由波形资料反演得到的地震矩张量和矩心矩张量（Centroid Moment Tensor，简称 CMT）来分析青藏高原及其周围地震的震源机制（图 3.2 - 2）。可见青藏高原及其周围地区较大地震的震源机制解，都显示出了同样的特征。即在印度河—雅鲁藏布江缝合线以南的地震为 NW—SE 走向的逆断层机制，在青藏高原内部的地震多数为近 NS 走向的正断层机制。地震震源机制结果反映的现代构造应力、形变总体特征为：绝大多数地震震源机制推导的最大主压应力轴接近水平；相当多的结果表明最小主压应力轴也近水平。因此，中国大陆地壳处于水平向压应力为主的现代构造应力场作用下。在西部最大主压应力轴的方向基本为近 NS 或略有偏转。

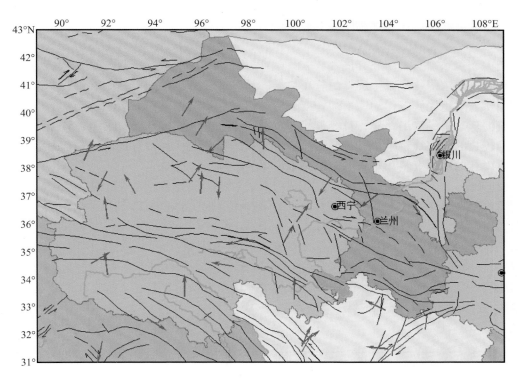

图 3.2-1　1900 年以来研究区 6 级以上地震 P 轴分布

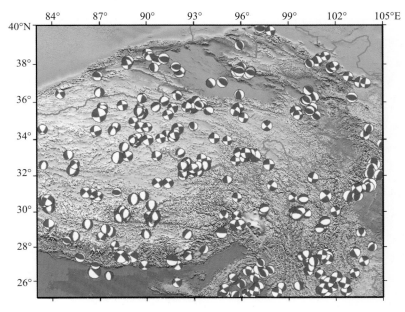

图 3.2-2　由地震矩张量反演得到的青藏高原及其周围地区较大地震的震源机制解

1976~2012 年 10 月 HAVARD 矩张量结果

3.3 大面积水准资料形变场特征

由大面积水准资料研究（图3.3－1）中国大陆垂直形变速率显示，中国大陆从南向东北呈现隆升—沉降—隆升—沉降的分布格局，且强度逐渐变弱，其中，青藏块体隆升幅度最大。而从大陆地壳垂直运动速率的梯度表明，似乎在拉萨附近存在近NS向的分界线，两边等值线的形态有一定的差异，且等值线分布具有一定的区域特征，以昆仑山北及近似沿黄河分布的较长的等值线将中国大陆分割为5个区域，而各区域内部等值线自成体系，但由于青藏块体内部的观测资料相对较少，研究该块体的细部结构很困难。

由GPS、大面积水准流动重力及区域跨断层形变测量等多观测项目的研究结果均从不同的侧面说明，该区域地壳运动的主要动力源来自印度板块的碰撞和挤压，如此推测，该区域所孕育发生的强震应与这一动力源有关。

分析表明构造应变场的最高值都出现在喜马拉雅构造带与昆仑山地块内（地震断裂带南侧），昆仑山口西8.1级地震正好发生在张性面膨胀应变率的高值区，应变背景场分析表明，地震发生前，昆仑山地块的应变异常集中，震源处，应变突变，地壳应力场变化导致地震孕育。

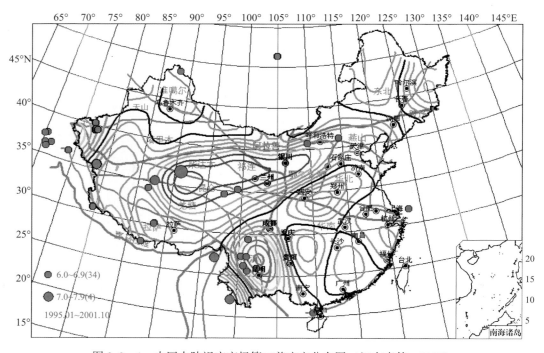

图3.3－1 中国大陆视应变场第二剪应变分布图（江在森等，2003）

3.4　活动地块与强震孕育的作用

　　中国大陆各地块的应变状态是所受应力状态的直接反应，而根据各地块的应变状态可以分析地块运动应变的变形机制，根据研究，青藏地块区的主压应变强，主张应变相对较弱，青藏地块的运动方向和主压应变方向为 NNE 向，明显的是印度板块向欧亚板块碰撞推挤的结果。活动地块解释了中国大陆的晚新生代构造变形特征，强震是在区域构造作用下，应力在变形非连续地段的不断积累并达到极限状态后而突发失稳破裂的结果，活动地块边界带由于其差异运动强烈而构造变形非连续最强，最有利于应力的高度积累而孕育强震，昆仑山口西 8.1 级地震的发生也是活动地块运动的产物，它的蕴育和发生不单纯是北东向主压应力作用的结果，可能是构造块体活动行为。即在青藏高原东北部块体向东运动过程中，由昆仑地块与相邻地块局部边界运动的不协调，在东昆仑断裂西段产生大范围的左旋剪切应变积累，最后导致大型左旋走滑破裂发震的动力过程。

　　根据近年 GPS 的观测结果，青藏高原确实具有向东挤出或逃逸运动，向东逃逸的最大速率可达 15~20mm/a（图 3.4－1）（杜瑞林等，2001）。根据遥感资料解译和实地考察结果，青藏高原的挤压运动主要集中在高原的边缘，如南边的喜马拉雅山、北边的西昆仑山祁

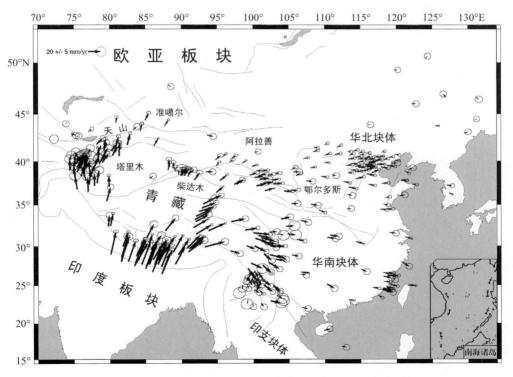

图 3.4－1　GPS 观测结果得到的青藏高原及其周缘地壳变形场
（NNR—NUVEL—1A 作为背景场）（据杜瑞林等（2001））

连山和东边的龙门山等地；张性运动主要为高原西南部的东西向伸展运动，形成高原内部广泛的近 NS 向地堑系和地堑系之间 NWW 向的右旋走滑断层，相当于转换断层。由于青藏高原向东逃逸和旋转运动造成高原边缘和内部次级块体之间规模宏大的走滑断裂，并在这些断裂带上发生强烈地震。

3.5　青藏高原岩石构造应力场及大陆动力学对强震孕育的作用

强震活动性要受到具体岩石层构造运动方式，地球物理场以及断裂系统几何学和力学性质的控制和影响。研究大陆岩石圈的应力状况，有助于认识强震孕育的过程，青藏高原的构造应力场同样具有分层的特征，在岩石圈下层以网络状流动的方式传递驱动力，表现为应力场较有规律的偏转变化，并控制着上层应力场变化的总趋势，而在局部地区上、下层应力方向的不一致反映了层间还存在着差异运动（图 3.5－1）。

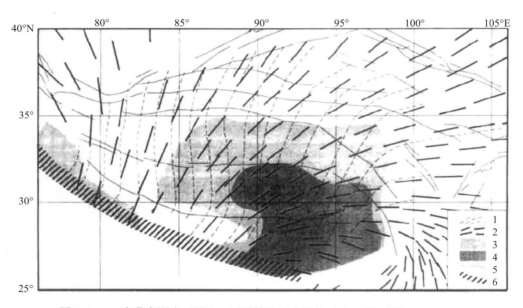

图 3.5－1　青藏高原岩石圈上、下层构造应力场的对比（据王绳祖（2002））

1. 岩石圈上层（多震层）最大压应力作用线（据地震断裂共轭角）；

2. 岩石圈下层最大压应力方向（据塑性流动网络共轭角）；

3、4. 上下层应力方向偏差分别约为 30°~45° 和 ≥45° 的地段；

5. 主要断裂带；6. 驱动边界。

第四章 主要活动构造特征

　　青海省内发育 50 余条区域性的断裂，本研究对 14 条主要的活动构造，分别为日月山断裂，拉脊山南、北缘断裂，鄂拉山断裂，宗务隆山断裂，玛多—甘德断裂，青海南山北缘断裂，夏日哈北侧断裂，夏日哈断裂，昆中断裂，东昆仑断裂和玉树—甘孜断裂玉树段等的活动性进行研究，力求获得青海省内地震构造特征及其地震危险性的新认识。为青海省强震活动趋势判定提供科学依据，同时为青海省重大工程选址及地震安全性评价工作提供科学依据，为青藏块体的演化与变形提供参考。

4.1 拉脊山北缘断裂带

4.1.1 断裂概述

　　拉脊山断裂发育在拉脊山南北两侧，分别为拉脊山北缘断裂和南缘断裂。是青藏高原东北缘发育在祁连—海原断裂和东昆仑断裂之间的一条弧形构造（图 4.1 - 1），是连接 NNW 向的日月山断裂和 NW 向的西秦岭北缘断裂的构造转换断层，构造位置特殊，作为调节整个区域断裂带运动速率方面发挥重要的作用。

　　拉脊山北缘断裂西起日月山垭口的山根村，向东沿拉脊山北缘的青石坡、石壁沿、红崖子、峡门，到临夏的大河家以南止，全长约 230km，自西向东其走向由 300° 渐变为近 EW、NNW 向。断面总体倾向 SW，倾角 45°～55°，性质以挤压逆冲为主，局部地段有左旋走滑的形迹。该断裂南侧为高耸的拉脊山脉，海拔 4400 余米，北侧是西宁—民和盆地，成为盆山分界的重要边界断裂，两侧地貌高差达 1700 余米。航卫片影像资料分析及野外调查结果，断裂西段（青石坡以西）线性特征较明显，以逆左旋走滑活动为主，可见水系同步拐弯和山脊断错现象，断距达几十米至百余米，为晚更新世活动段（涂德龙等，1998）。断裂东段（青石坡以东）则以垂直升降运动为主，线性特征较差，多呈舒缓的波状，反映了强烈的挤压逆冲特性。沿断裂带考察发现了其新活动的一些地质地貌证据。如在浪营村至红崖子一带，强烈的高山隆起与低缓的盆地凹陷形成鲜明的对照，寒武系地质体冲覆于新近系红层之上，反映了强烈的挤压特性（图 4.1 - 2），同时在第四纪坡洪积物上残存有较宽大的断层陡坎及断裂沟谷等，显示出断裂晚第四纪（主要为晚更新世）的新活动性。

　　在遥感影像上，拉脊山北缘断裂线性特征清楚，控制了拉脊山与西宁—民和盆地的边界．在与引水线路相交部位发育 2 条断层，主要以逆冲活动为主，南边断层表现为基岩陡坎，线性特征明显，野外调查发现，靠近北边的一条断层在堂堂附近发现新活动证据（图 4.1 - 3）。

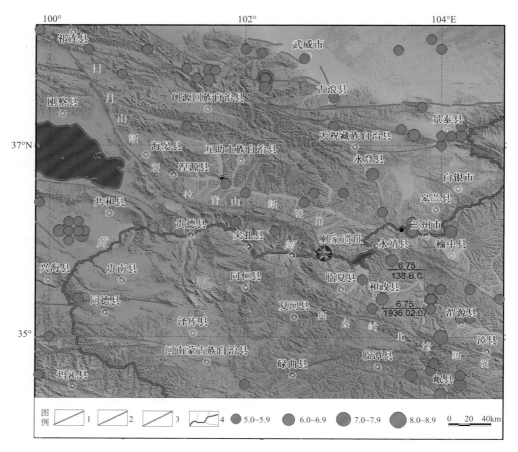

图 4.1-1　拉脊山断裂展布及构造位置

1. 全新世活动断裂；2. 晚更新世活动断裂；3. 早、中更新世活动断裂；4. 水系

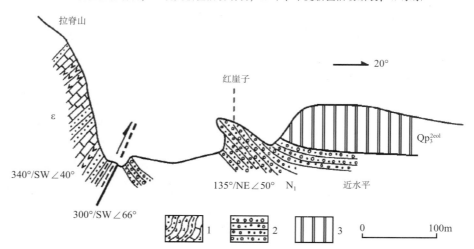

图 4.1-2　拉脊山北缘断裂红崖子地质剖面（涂德龙等，1998）

1. 寒武系灰绿色凝灰岩、变砂岩等；2. 新近系紫红色砂砾岩；3. 上更新统黄土

图 4.1 - 3　拉脊山北缘断裂遥感影像解译图

4.1.2　断裂活动性

断裂西端在雪隆村以北 1km 附近，北东向冲沟发育有 2 级阶地，T0 级阶地拔河约 0.8m，T1 级阶地拔河约 3m，断层通过处在山坡上形成反向陡坎（图 4.1 - 4b），断层通过处 T1 级阶地平坦，未见断错现象，乡村公路边冲沟 T2 级阶地发现断面，对剖面进行了清理（图 4.1 - 4c），地层自上而下分别为：

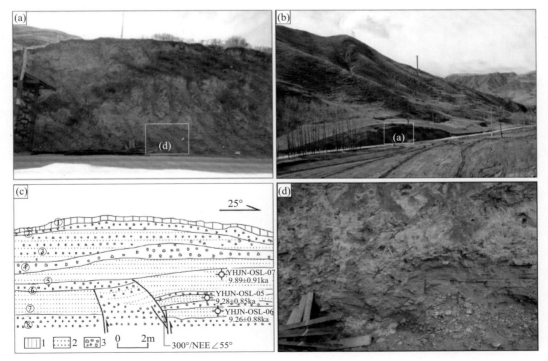

图 4.1 - 4　雪隆村以北 1km 阶地断层剖面
1. 表层土；2. 阶地细砂层；3. 阶地砾石层

层①为表层覆盖黑色腐殖土，有植物根系。

层②为灰白色含黏土砂砾层。

层③为灰白色含砾砂层。

层④为粒径<1cm 的灰绿色砾石层。

层⑤黄褐色细砂层。

层⑥为灰绿色砾石层粒径在 2~5cm，成棱角状。

层⑦为黄褐色砂层。

层⑧为磨圆较好，粒径 2~3cm 的砾石层。

断层断错层⑦、⑧灰色砂砾层，未断错层⑤黄褐色细砂层以上地层，说明层⑤形成以来断裂不再活动。在层⑦顶部和底部的细砂层中采集了光释光（OSL）样品，样品编号分别为 YHJN-OSL-05、YHJN-OSL-06、YHJN-OSL-07，测试结果分布为 9.26±0.88、9.28±0.85、9.89±0.91ka，综合判断阶地沉积物为晚更新世晚期沉积物。

堂堂以北 1.5km 处，断层横切一近南北向冲沟，并在冲沟两岸形成槽谷地貌（图 4.1-4c），在该区域用无人机对地貌进行了航拍测绘，形成了 DEM 地貌影像，断层经过处线性特征明显（图 4.1-5c），该冲沟发育 3 级阶地，断层通过处 T1 级阶地平坦，未见断错现象，冲沟左岸 T2 级阶地被断错（图 4.1-5b、d），我们对断层剖面进行了清理，地层自上而下依次为：

层①为表层覆盖腐殖土，厚约 10cm，有植物根系。

层②为坡积物，粒径<5cm，棱角状，大部分为砾石，中间夹少量黄土。

层③为坡积物，有顺坡向下的层理，比较杂乱，分选较差。

层④为阶地沉积物质，黄褐色细砂层。

层⑤为阶地砾石，有一定磨圆，有水平层理，有一定分选磨圆。

层⑥为细砂脉体，存在于层④之中，与逆冲断层有关，可能由于地震形成。

剖面揭示层④黄褐色细砂层和层⑤阶地砾石层被明显断层，断错表现为逆冲性质，断距大约 60cm 左右，我们在断层两侧层④的细砂层内采集了光释光（OSL）年龄样品，样品编号分别为 YHJN-OSL-08 和 YHJN-OSL-09，测试结果分别为 28.38±2.58、32.96±2.65ka，为晚更新世沉积物。

101 省道华山村西侧附近，断层发育在震旦系 Z_2k 中，断裂通过处山脊被错断，形成断层垭口地貌（4.1-6）。山前全新统冲洪积层为见明显变形，推测该断裂在全新世以来并未活动。

在 202 省道元石山采石场附近，断层控制了第三纪西宁盆地的边界（图 4.1-7），主要表现为寒武纪地层紫红色安山岩凝灰岩（C）逆冲在桔红色第三纪地层（E）之上，形成宽近 70m 的断层破碎带（图 4.1-7b），第三纪紫红色砂岩靠近断裂位置受到断裂作用的影响变形，产状为 210°∠35°（图 4.1-7d），远离断裂位置砂层恢复近水平。

图 4.1-5　堂堂以北断裂剖面

1. 表层土；2. 阶地砂层；3. 砾石层；4. 崩积楔

图 4.1 - 6　101 省道华山村西侧断层通过地貌

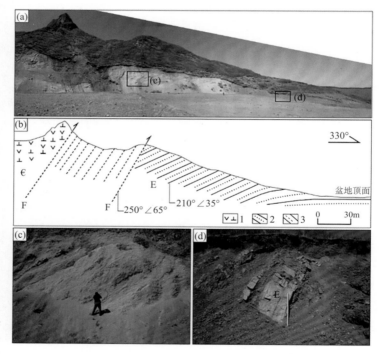

图 4.1 - 7　202 省道元石山采石场断层剖面
1. 安山质凝灰岩；2. 第三纪砂岩；3. 断层破碎带

4.1.3　小结

综上所述，拉脊山北缘断裂在 DEM 影像上线性特征清楚，断层断错冲沟 T2 级以上阶地，T1 阶地未见明显断层活动迹象，T2 级阶地测年结果约为 10～30ka，结合前人研究成果，综合认为拉脊山北缘断裂为晚更新世晚期活动。

4.2 拉脊山南缘断裂带

4.1.1 断裂概述

遥感图像上拉脊山南缘断裂影像特征清晰，由不连续的五段组成，但总体上较其北缘断裂连续（图4.2-1）。断裂西起日月山垭口的克素尔村，向东呈舒缓波状经日月山山隘止于青阳山；在千户村断裂南断裂拉张形成千户盆地；在黑峡断裂又以不连续的舒缓波状经茶铺、药水泉、扎浪滩止于马场；在马场南的卧力朵断裂稍具北凸弧状经九道湾终止于总洞附近，长大约220km。整体走向由近NWW向逐渐转为近EW向。

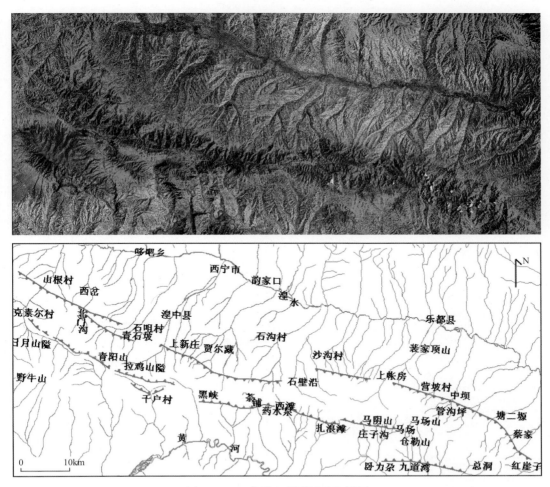

图4.2-1 拉脊山断裂遥感解译图

以千户村为界，断裂可分成活动不同的两段。断裂西段（千户村以西）多构成槽状负地形，控制着第四系松散堆积；断裂东段（千户村以东）则表现为直线状陡壁断崖。整个断裂带断裂活动以挤压为主，局部兼有左旋走滑，如在拉脊山顶红山咀（海拔3800m）拉脊山南缘断裂及其分支断裂的左旋活动形成了拉张性的山间盆地——千户盆地（图4.2-2），

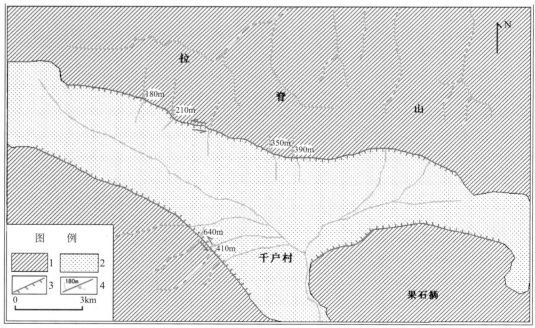

图4.2-2　千户盆地拉脊山南缘断裂遥感解译图

1. 基岩区；2. 千户盆地；3. 断层陡坎；4. 断错值（m）

该盆地东西长 20km，南北宽仅 2~4km，呈 NWW 向长条状展布。水系在断层经过处突然变宽，左旋断错水系，断错量从 180~640m 不等（表 4.2-1），可以认为该断裂第四纪以来活动比较强烈。袁道阳等野外调查发现，在盆地两侧形成了 Ⅰ~Ⅳ 级洪积台地，断裂新活动造成台地断错，形成高的断层崖或一系列断层垭口等地貌。

表 4.2-1　千户盆地拉脊山南缘断裂水平位移一览表

编号	1	2	3	4	5	6
断错地貌	水系	水系	水系	水系	水系	水系
断距/m	180	210	350	390	640	410
精度	A	A	A	A	A	A

注：A 卫片测量值。

在遥感影像上，拉脊山南缘断裂线性特征清晰（图 4.2-3），控制了盆地与沟谷的边界。

图 4.2-3　小茶石浪村拉脊山南缘断裂遥感影像图

4.2.2　断裂活动性

小茶石浪村附近，野外调查发现震旦系地层 Z 千枚岩逆冲在白垩纪地层 K 紫红色砂岩之上（图 4.2-4），白垩纪砂岩地层倾角较缓，产状为 260°∠20°，向山外倾斜，青灰色震旦系千枚岩地层倾角较陡，产状为 35°∠65°，断裂通过处发育垭口地貌。

小茶石浪沟内 ZK-18 钻孔打钻位置，断层活动在地貌上形成槽谷，槽谷宽约 150m（图 4.2-5b），断层通过处横切近东西向冲沟，冲沟发育 2 级阶地，T1 级阶地拔河约 0.5m，T2 级阶地拔河高度约 4~5m，断层经过处冲沟 T1 级阶地平坦，未见变形迹象；冲沟 T2 级阶地被断错，T2 拔河高度约 4~5m。我们对断层剖面进行了清理，剖面揭示地层自上而下描述如下：

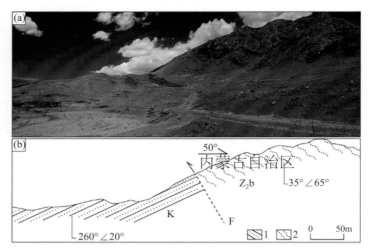

图 4.2 - 4　小茶石浪村断层通过地貌

1. 白垩纪砂岩；2. 千枚岩

层①为黑色腐殖土，有植物根系。

层②为黄褐色砂砾层，砾石层，砾石磨圆较差，砾石大小在 10cm 以内。

层③为黑褐色细砂层。

层④为砾石层砾石粒径约 5cm。

层⑤为砾石层，粒径约 1cm。

层⑥为砾石层，粒径约 5cm。

层⑦为标志层，明显被断层断开，断距为 20cm 左右。

剖面揭示断层断错了层⑤、层⑥砾石层，断距约 20cm，沿断层可见砾石定向排列图（4.2 - 5d），断层走向为 330°/NNW。其上覆层④砾石层未被断错。

扎哈公路附近，断层从青灰色震旦系千枚岩（Z_1q）逆冲在印支期花岗闪长岩之上（图 4.2 - 6），地貌上形成断层垭口地貌，靠近断裂青灰色震旦系千枚岩近直立，产状为 70°∠65，断层产状 30°∠75。

在千户村附近，通过无人机航拍地貌可以看出断裂通过处线性特征明显，地貌上冲沟发生明显的左旋（图 4.2 - 7）。

二淌附近 202 省道路边，寒武纪灰绿色安山岩凝灰岩逆冲在第三纪砂层之上，断层通过处地貌上形成的垭口（图 4.2 - 8a），公路边清理后发现断层接触带，宽 5~10cm，为灰绿色条带（图 4.2 - 8c），断层产状为 40°∠50°，第三纪砂层产状 5°∠70°。

小峡上游 202 省道路边，寒武纪地层内有发现基岩多条断裂（图 4.2 - 9），地貌上断裂通过处的垭口地貌，多条断裂产状不一致，主要断裂的产状为 340°∠58°、52°∠55°、170°∠65°，两个断层面有擦痕，两组擦痕产状：擦痕一：275°∠5°，265°∠7°，268°∠8°，270°∠5°，280°∠9°；擦痕二：260°∠35°，255°∠30°，258°∠28°。

图 4.2 - 5　钻孔 ZK-18 位置阶地断层剖面

1. 表层土；2. 阶地砂层；3. 阶地砾石层；4. 崩积楔

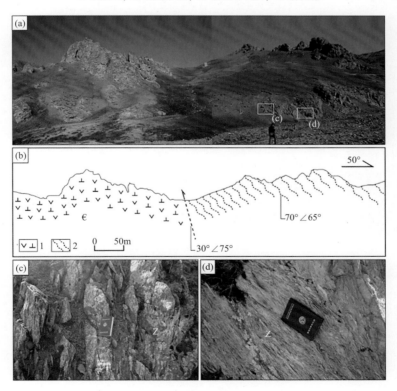

图 4.2 - 6　扎哈公路附近沟谷断层剖面

1. 安山质凝灰岩；2. 千枚岩

图 4.2 - 7 千户村航拍断裂通过地貌

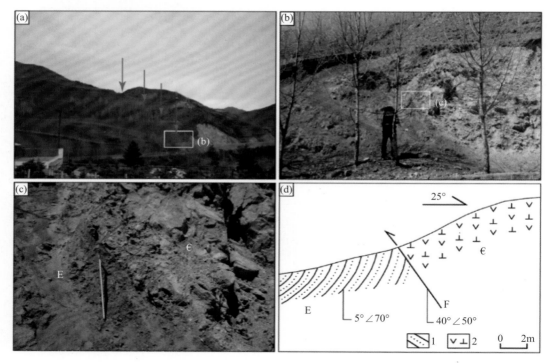

图 4.2 - 8 二淌附近 202 省道路边断层剖面
1. 第三纪砂岩；2. 安山质凝灰岩

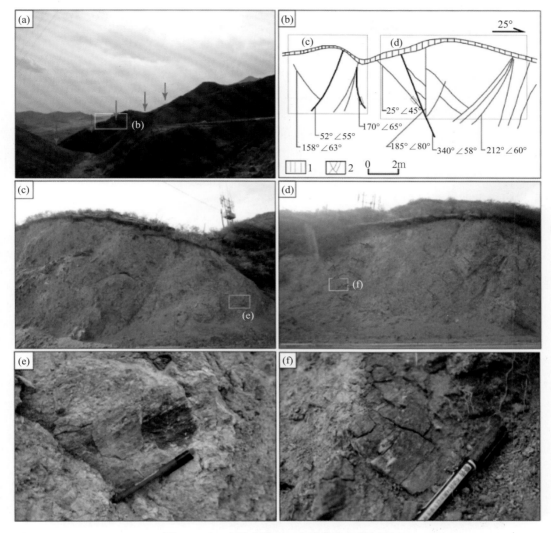

图 4.2-9　小峡上游 202 省道路边基岩剖面
1. 表层土；2. 寒武纪基岩内断裂

4.2.3　小结

综上所述，拉脊山南缘断裂在遥感影像上线性特征清楚，一系列水系右旋断错。野外调查发现断层断错冲沟 T2 级以上阶地，T1 阶地未见明显断层活动迹象，T2 级阶地根据区域对比形成年代大约为 10~30ka，结合前人研究成果，综合认为拉脊山北缘断裂为晚更新世晚期活动。

4.3　倒淌河—循化断裂

4.3.1　断裂概述

该断裂西起倒淌河以北的黑城山，向东经阿什贡、扎马山东缘、循化南山北缘到甘肃的韩集南，走向北西 40°~70°，倾向南西，倾角 40°~60°，全长 150km，为逆断性质。断裂分东、西段，东段详见区域部分，为早中更新世活动。西段黑山城断层倾向北东，可见北侧上新统逆冲在中更新统冰碛层之上，与青海南山北缘断裂一起夹持着倒淌河谷地堑，钻孔中可见上更新统下部有断面，至少在晚更新世早期还有活动。

4.3.2　断裂活动性

在遥感影像上，倒淌河—循化断裂西段线性特征清晰，沿断裂发育断层陡坎、断塞塘等地貌（图 4.3-1）。

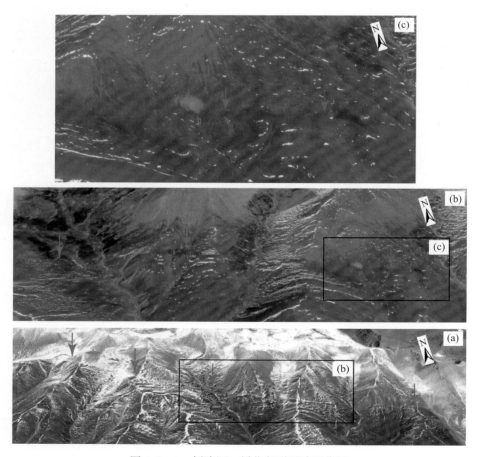

图 4.3-1　倒淌河—循化断裂遥感影像图

在那果尔莫附近，晚更新统冲洪积物上断层线性特征明显（图4.3－2），断层通过处山坡发生明显位错，在山坡上形成了反向坎。

图4.3－2 倒淌河—循化断裂垭口地貌

在基岩区，三叠纪地层（T）青灰色板岩逆冲在第三纪（N）紫红色砂岩之上（图4.3－3），地貌上形成一垭口，青灰色板岩产状为15°∠40°。

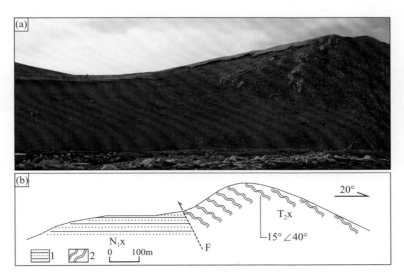

图4.3－3 断层地貌剖面
1. 第三纪砂岩；2. 板岩

断层通过处形成垭口地貌（图4.3－4），断层通过位置两侧岩性不一致，且坡度有差异，山前可发现第三纪地层 N_1x 桔红色泥岩、砂岩出露。

断层控制了山前盆地的边界，航测得到的高精度 DEM 影像显示断层在山前晚更新统冲洪积扇体上线性特征明显（图4.3－5b），说明断层可能在晚更新世有过活动。断层经过处切割一北西向冲沟，冲沟右岸三叠纪青灰色板岩逆冲到第三纪桔红色砂岩之上（图4.3－5d），冲沟低级阶地（T1）未见断层断错迹象。

图 4.3 - 4　断层地貌

图 4.3 - 5　倒淌河—循化断裂断层通过地貌

　　贵德地质公园附近，101省道路边，可见第三纪地层褶皱变形（图4.3－6），第三纪桔红色砂岩（N_1x）逆冲到第三纪青灰色砂岩（N_2g）互层之上，第三纪桔红色砂岩产状近水平，靠近断裂位置形成褶皱，第三纪青灰色砂岩发生明显褶皱变形，底部产状为$175°\angle 40°$。

　　综上所述，倒淌河—循化断裂山前晚更新统冲洪积物上陡坎线性特征明显。野外调查发现断层通过处冲沟低级阶地（T1）未见断层断错迹象，结合前人研究成果，综合认为倒淌河—循化断裂为晚更新世活动。

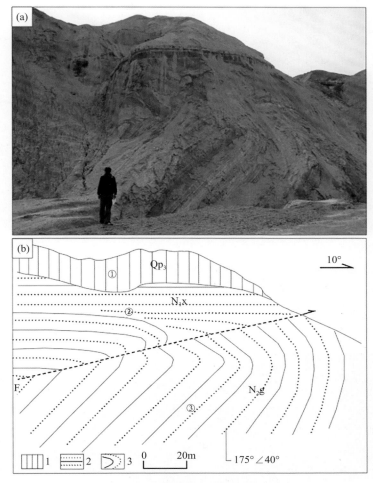

图 4.3 - 6　贵德公园附近第三纪地层断面

1. 第四纪地层；2. 桔红色第三纪砂层；3. 青灰色夹桔红色第三纪砂层

4.3.3　小结

　　倒淌河—循化断裂断错最新地层为河流 T3 级阶地，断层经过处河流 T1 级阶地未发现断错迹象；河流 T3 级阶地的形成年龄大约 10 万年，T1 级阶地的形成年龄大约 1 万年，因此认为青海南山北缘断裂晚更新世早期活动，全新世以来不活动。

4.4　日月山断裂带

4.4.1　断裂概述

日月山断裂分为南北 2 段（图 4.4 - 1），北段日月山断裂带北起大通河以北的热麦尔曲，向南经热水煤矿，沿大通山、日月山 NNW 向隆起带的东侧至日月山丫口后与拉脊山断裂带斜接，总体走向 N35°W。断裂带的主体部分由 4 条不连续的次级断裂段呈右阶羽列而成，阶距约 2~3km，并在不连续部位形成拉分区，全长约 183km（袁道阳等，2003），分别为大通河断裂段（F2-1）、热水断裂段（F2-2）、海晏断裂段（F2-3）、日月山断裂段（F2-4）。通过对日月山断裂带遥感解译发现在主断裂东侧存在分支断裂，即雪玛尼哈—上塔里段（F2-5）和牧场部—大崖根断裂段（F2-6））（图 4.4 - 2），长分别为 26km 和 25km，构造迹线明显，认为日月山断裂带总长度为 234km（李智敏等，2012）；日月山断裂南段全长 140km，断层走向近 NNW。断裂北起贵德县官色地区，向南依次经过刚察寺、麦秀林场、多幅屯、多禾茂乡，止于开加黑玛尔。根据断层整体走向、基岩出露及位错展布，可将断裂整体分为两段，北段为贵德段，南段未多禾茂段。

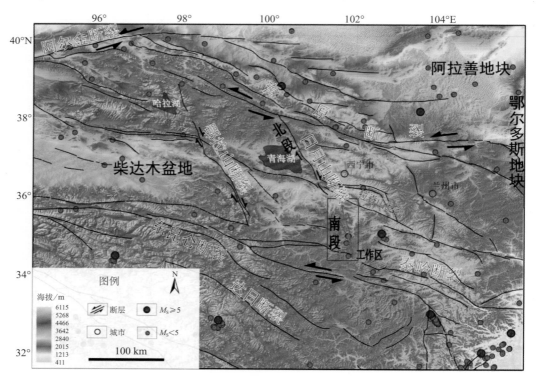

图 4.4 - 1　青藏高原东北缘区域构造简图

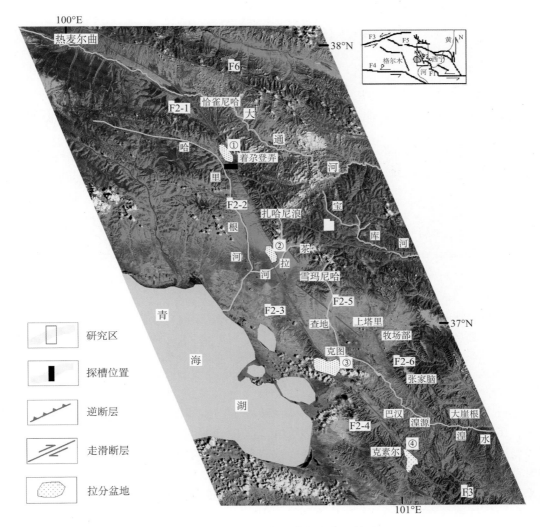

图 4.4-2　日月山断裂带构造位置简图

F1. 拉脊山断裂；F2. 日月山断裂带（F2-1. 大通河断裂段，F2-2. 热水断裂段，F2-3. 海晏断裂段；

F2-4. 日月山断裂段，F2-5. 雪玛尼哈—上塔里断裂段，F2-6. 牧场部—大崖根断裂段）；

F3. 阿尔金断裂；F4. 东昆仑断裂带；F5. 祁连山—海原断裂带；F6. 托勒山北缘断裂；F7. 达坂山断裂

①着尕登弄拉分区；②茶拉和拉分区；③克图拉分盆地；④克素尔拉分盆地

4.4.2　日月山断裂北段滑动速率

　　日月山断裂北段各次级断裂段断层陡坎垂直位移空间分布特征明显（图4.4-3），主要表现为各个断裂段中间陡坎比较发育，日月山断裂段和海晏断裂段晚更新世断层陡坎发育较少，说明该段断层在晚更新世处于相对稳定期。

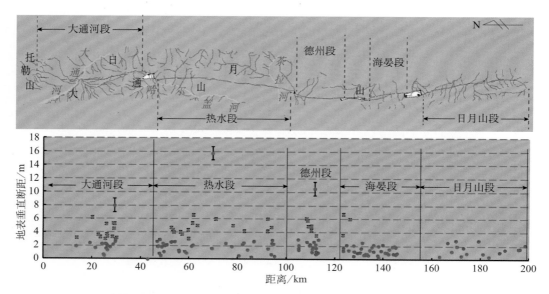

图 4.4 - 3　沿断层走向（由北西至南东）测量的日月山断裂的地表垂直断距与距离的分布图

　　填绘的地表破裂带标注在位移图的上方，用来概略的展示测量位移值的相对位置，灰色方框为测线在断层陡坎上的位置；红色点为全新世地表断层陡坎垂直高度点，蓝色点为晚更新世地表断层陡坎垂直高度点，紫色点为早中更新世地表断层陡坎垂直高度点，测量误差棒用穿过数据点垂直细线表示；灰色线表示最大位移包络线，其中虚线段表示数据点稀少或模拟结果控制性差

　　通过野外实地利用差分 GPS 测量，活动弯滑断层正向坎相关参数计算经验公式（杨晓东等，2014），准确的获得了各个断层陡坎的高度值，采用蒙特·卡罗方法计算得到各个断裂段断层陡坎高度的平均值和误差的方差，数据采集和处理方法精准可靠，获得了断层在不同时期的各次级断裂段的垂直累计位移平均值（表4.4 - 1，图4.4 - 4），可以看出，各断裂段垂直累计位移变化不大，整体上，自北向南，日月山断裂中部垂直累计位移稍高，断裂两端偏低，这可能与断层活动主要是从中部向两边过渡有关。晚更新世断层垂直累计位错量是全新世断层垂直累计位错量的 2 倍。

表 4.4 - 1　日月山断裂各次级断裂段垂直累积位错量

断层陡坎形成时代	日月山断裂各次级断裂段垂直累积平均位错量/m									
	大通河段		热水段		德州段		海晏段		日月山段	
	位错量	方差	位错量	方差	位错量	方差	位错量	方差	位错量	方差
全新世	1.8457	0.7340	1.7933	0.77352	1.8197	0.6355	1.3351	0.5808	1.5520	0.7946
晚更新世	4.1087	1.1501	4.3683	0.8617	4.9863	0.5323	4.7008	1.2682	4.0945	
早—中更新世	8.1707	0.1773	8.7662	3.78055	8.6636	2.5029				

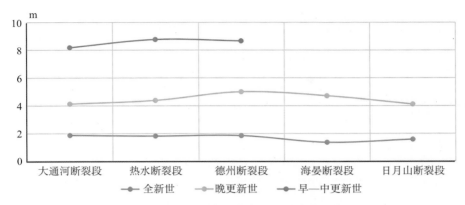

图 4.4－4　日月山断裂各断裂段垂直位移特征

　　通过对日月山断裂各次级段上断层断错冲沟、阶地和冲洪积扇体的水平位错量遥感影像解译工作，结合野外调查获得的相关地貌面的年龄数据，初步得到了日月山断裂各次级断裂段晚更新世、全新世以来的滑动速率（表4.4－2，图4.4－5）。

表4.4－2　日月山断裂各段落滑动速率

名称	方向	晚更新世晚期以来滑动速率/（mm/a）	全新世以来滑动速率/（mm/a）
大通河段	水平	1.02	3.1
	垂直	0.21	0.51
热水段	水平		1.68
	垂直	0.22	0.50
德州段	水平	2.85	2.55
	垂直	0.26	0.51
海晏段	水平	3.5	2.75
	垂直	0.24	0.37
日月山段	水平		
	垂直	0.21	0.43

　　从图4.4－5中可以看出，总体上水平滑动速率明显大于垂直滑动速率，说明日月山断裂以右旋水平活动为主；日月山断裂带上垂直滑动速率变化不大，趋于直线，说明个断裂段整体抬升，抬升幅度基本一致。全新世以来的垂直滑动速率要高于晚更新世晚期以来的滑动速率，两者相差不大，各断裂段之间全新世以来垂直滑动速率趋于0.5mm/a。各个断裂段间水平滑动速率相差较大，热水断裂段和日月山断裂段未取得可靠的数据，自北向南，晚更新世晚期以来水平滑动速率逐渐增高，除热水断裂段外，其他各断裂段全新世以来水平滑动速率趋于2.8mm/a。

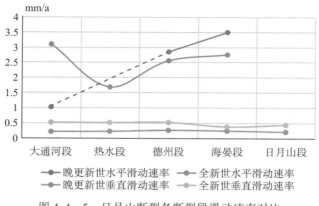

图 4.4 - 5　日月山断裂各断裂段滑动速率对比

由于青藏块体继续向 NE 方向扩展，块体发生了 NW 向的挤压缩短、顺时针方向的旋转和 SEE 向的挤出等构造变形，致使 NWW 向日月山断裂产生剪切压扁，导致日月山断裂的右旋走滑。

4.4.3　日月山断裂北段的古地震

1. 探槽布设

研究发现，沿断裂带不同级别的水系均被右旋断错，水系的断错量具有不同的量级，反映了断裂的多期活动特征，为了了解热水断裂的活动历史，我们在日月山断裂带热水段的热水沟进行了探槽研究。

热水沟流向由东向西，在山前出山口处堆积了巨大的冲洪积扇沉积，日月山断裂断错山前冲洪积扇，从冲沟切开的剖面看，断层上盘砾石顺断层明显挠曲变形，断层下盘受到挤压砾石显示为斜层理。考虑到探槽位置一方面要能尽可能多的揭露古地震事件，另一方面要能够采集到定年样品（如 ^{14}C 测年样品），因此，在断层陡坎遭受后期改造最小的地方布设了地质探槽（长 30m，深 10m），以完整揭露古地震事件。

2. 热水沟探槽剖面

探槽揭露的地层可划分为 4 个地层单元（图 4.4 - 6），层①为一套沟床相砾石层，具有层理和分选，粒径最大达 10cm，未见底，该层被断层错断，断层上盘拖曳挠曲变形，顺断层砾石定向排列；断层下盘挤压倾斜，倾向 75°，倾角 9°。层②为黄色砾石夹亚砂土，具有层理，可见厚度 1.8m；该层亦被断层断错，沿断层倾向错距 0.3m，断层上盘砾石顺断层定向排列，该层顶部采集了 1 个 ^{14}C 测年样品 RS-02，其年龄值为 9865±40a B. P.（表 4.4 - 3）。层③为灰黄色淤泥质土层，覆盖于层②之上，其底部未见构造变形，在该层底部采集了 2 个 ^{14}C 测年样品 RS-01 和 RS-03，其年龄值分别为 9450±40 和 9425±35a B. P.（图 4.4 - 6，表 4.4 - 3）。层④为表层草植土。

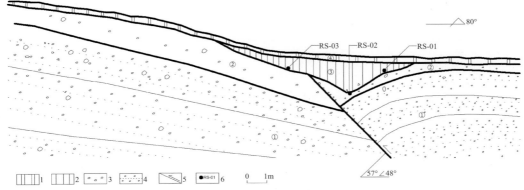

图 4.4－6　热水沟探槽剖面

1. 草植土；2. 淤泥土；3. 砾石、亚砂土层；4. 砾石层；5. 逆断层；6. 取样位置及编号

表 4.4－3　样品 ^{14}C 年龄测试结果

野外编号	样品性质	采样深度 （m）	测试编号	测试结果 （PMC %）	^{14}C 结果 （a B. P.）
RS－01	泥炭	1.0	GZ5127	0.3083±0.0014	9450±40
RS－02	泥炭	2.3	GZ5130	0.2929±0.0013	9865±40
RS－03	泥炭	1.2	GZ5128	0.3094±0.0013	9425±35

注：样品 ^{14}C 数据由中国科学院广州地球化学研究所 AM_S－^{14}C 制样实验室和北京大学核物理与核技术国家重点实验室联合完成。

3. 热水断裂段的古地震研究结果

由上述地层岩性和分布特征，结合断层对地层的切错关系分析，可以认为探槽揭露出 1 次古地震事件：层②代表了古地面，断层位错层①和②形成断层陡坎并在坎前形成充填楔，随后堆积层③且其底部未见构造扰动变形，层②的顶部和层③的底部的 ^{14}C 样品年代分别为距今 9865±40 和 9425±35a B. P.，因此该次古地震事件发生在 9865±40a B. P. 之后，9425±35a B. P. 之前。袁道阳等（2003）研究认为日月山断裂带上热水段的古地震事件距今6280±120a，结合我们的研究结果，得出日月山断裂带热水段复发间隔约 3150～3600a，因此认为日月山断裂带上已揭露出古地震事件有 3 次，分别为 9645±220、6280±120 和 2220±360a B. P. （图 4.4－7）。此外，沿断层面，层②的倾滑位移约 0.3m，该层的测年结果为 9425±35a B. P.，由此得到日月山断裂带热水沟段全新世以来的倾滑速率为 0.03mm/a。

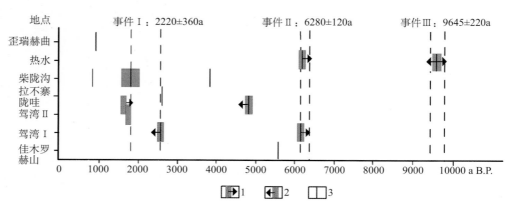

图 4.4－7　日月山断裂带古地震对比图（据袁道阳等（2003）补充修改）
1. 古地震事件下限年代及误差；2. 古地震事件上限年代及误差；3. 实测陡坎年代

4.4.4　日月山断裂南段活动性

　　贵德段长约 60km，大致走向 NW20°，倾角近直立。该段整体断层多为发育在山麓地带，连续性一般，线性特征不明显（图 4.4－8）。自官色至刚察，长约 9km，断层走向由北偏东 5°转为近南北，主要表现为基岩山脊被错断，也可见少量冲沟位错及断层泉，沉积物多为黄土堆积。从刚察到旺恰力山西侧，长约 22km，断层走向近南北，多发育在花岗岩、闪长岩岩体中，断裂表现为断裂槽谷及断裂两侧山体基岩位错，从地质图上可以看到该段断层两侧花岗闪长岩及下二叠统砂岩约有 6.5～7km 的基岩位错（图 4.4－8）。从旺恰力山到夏郎勒弄山，长度约 30km，走向变为北偏西 25°，该段线性特征较好，次级断裂较多，野外可见断层槽谷、线性陡坎、反陡坎、断塞塘、多级河流阶地位错等构造，位错量从几米至上百米不等，主要沉积物为河流相二元沉积物及有机质黏土沉积。

　　南段为多禾茂段，长约 80km，断层走向近南北，倾角较陡，多大于 60°（张波，2012）。南段整体线性特征较为显著，断层连续性较好（图 4.4－9）。从夏郎勒弄山到多幅屯，断层走向多变，穿越麦秀林场处，断层第四纪出露较差。从多幅屯至涅玛日，断层走向近南北，断层线性特征清晰，可见断层陡坎、断层崖，水系被错断，可见断头沟、断尾沟，以及被错断的多级河流阶地位错。在多禾茂乡大格日村附近可以看到基岩断层剖面（图 4.4－10a），白垩系砂岩逆冲至三叠系板岩上，接触带可见十余米断层破碎带（图 4.4－10c），带内岩层强烈破碎。东侧三叠系砂岩（图 4.4－10d）整体呈灰色，为板岩与砂岩互层。西侧白垩系砂岩（图 4.4－10b）呈紫红色，中—粗粒度，整体呈块状。从涅玛日经扎西态日山到开加黑扎玛尔，断层可见一定线性槽谷，有一定连续性，向南断层逐渐消失。

　　结合野外观察和室内解译，本研究选择断错现象较好的贵德段日肖隆瓦和多禾茂段涅玛日作为两个典型的滑动速率研究点。

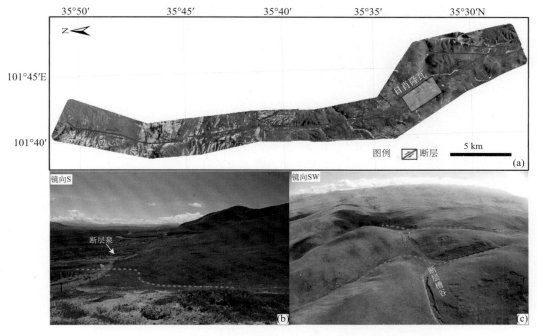

图 4.4 - 8　日月山断裂南段贵德段断层精细几何展布及地貌特征

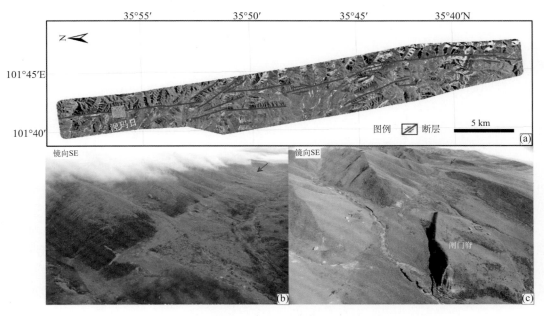

图 4.4 - 9　日月山断裂南段多禾茂段段精细几何结构及地貌特征

图 4.4 - 10　基岩断层剖面

日肖隆瓦研究区位于黄南藏族自治州正西 25km 处。断层走向近南北转为北偏西 25°，同时，产生了一些近平行的次级断层。主断裂错断了不同期次的河流阶地，可观察到三级河流阶地被错断。研究区断层陡坎发育明显，在阶地上形成宽约 30m 的断层槽谷、断塞塘、断层拗陷带。拗陷带形成一系列沿断裂展布的水塘，并可见一系列断层泉。河流几乎垂直于断层发育，河流上游被限制在较窄的河道中，而下游由于断层的右旋走滑，形成的河流阶地不断向南移动，使得部分高阶地形成了闸门脊构造（图 4.4 - 11、图 4.4 - 12）。

T1 阶地于河流两岸皆有分布，上游河道略弯曲，下游河道较平直。通过对 T1 阶地南侧边缘测量，获得 T1 阶地水平位错为 26.3±3.1m。同时在 T1 挖剖面采集 ^{14}C 样品，样品年龄为：7840±30a B. P. 。

T2 阶地仅在河流南侧保留，河流上游阶地狭长，下游阶地较宽，呈舌型。通过对 T2 阶地南侧的测量，获得 T2 阶地的水平位错为 32.7±7.1m，在 T2 阶地挖剖面采样在有机沉积层底部采集 ^{14}C 样品，年龄为 9380±30a B. P. ，在砾石层上粉砂层底部采集光释光样品，年龄为 10±0.7ka B. P. ，两个年龄具有较高的匹配度，表明 T2 阶地年龄应为 9350～10700a。

T3 阶地在河流上游南北两侧皆有保留，由于右旋走滑，使得下游右侧（北侧）阶地被侵蚀，仅南侧阶地得以保留，对其南侧阶地进行位错测量，获得 T3 阶地的水平位错为 38.6±8m。在上游采集光释光样品，得到该阶地年龄为 11.9±1.3ka B. P. 。

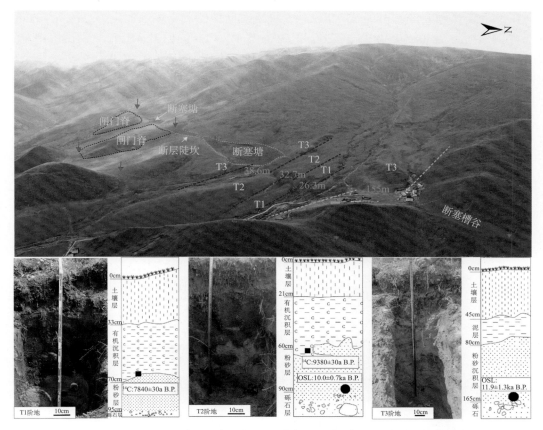

图 4.4-11　日肖隆瓦研究区断错地貌特征、采样剖面野外照片与素描

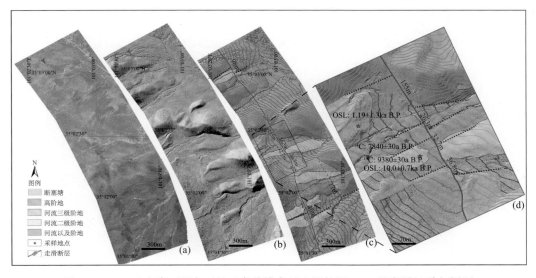

图 4.4-12　日肖隆瓦研究区基于高分辨率无人机航测 DEM 的断错地貌解译图

　　在日肖隆瓦研究区，得到 T1、T2、T3 阶地对应位错为 26.3±3.1、32.7±7.1、38.6±8m，年龄序列为 7840±30a B. P.、9350~10700a B. P.、11.9±1.3ka B. P.，利用蒙特卡洛模拟法计算滑动速率，以每个点位错和年龄最大、最小值分别构建误差矩形误差框，每个矩形误差框中产生 1000 个随机点，拟合出 1000 条拟合线，得到日肖隆瓦研究区 11.9ka 以来的平均水平滑动速率是 3.37+0.55-0.68mm/a（图 4.4－13、图 4.4－14）。

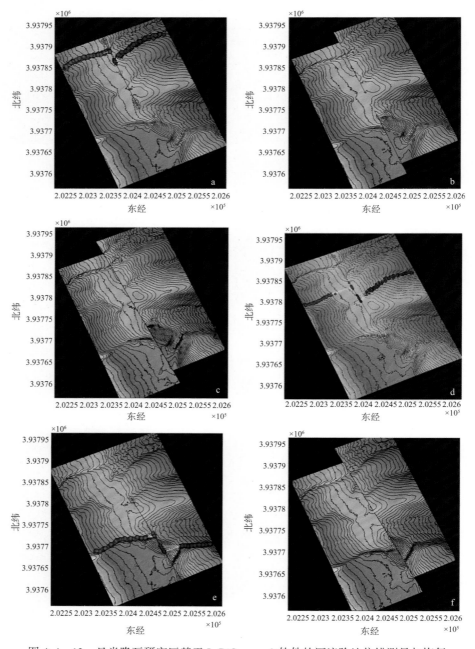

图 4.4－13　日肖隆瓦研究区基于 LaDiCaoz_ v2 软件的河流阶地位错测量与恢复

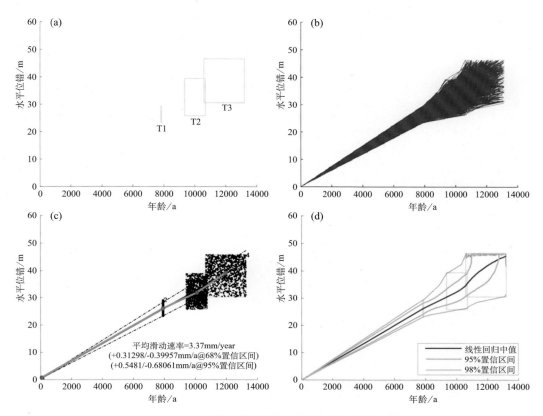

图 4.4－14　日肖隆瓦研究区基于蒙特卡洛模拟滑动速率

涅玛日研究区位于黄南自治州泽库县东 40km 处。断层走向近南北，沿断层可见较连续的断层陡坎、冲沟、阶地断错。河流被断层断错，呈"肘"形，发育两级河流阶地，但是由于河流强烈的侧向侵蚀，河流阶地前缘陡坎形状较为曲折，不是理想的位错测量标志，因此本研究中选用阶地面上发育较为平直的冲沟作为位错标志，限定地貌面的最小位错（图 4.4－15、图 4.4－16）。

T1 阶地高约 2~3m，在河流上下游均有分布，河流北岸 T1 受到一定侵蚀，南岸保留较好，南岸发育冲沟，T1 上发育的冲沟可观察到明显右旋位错，位错量为：6.3±0.7m。采集 ^{14}C 样品，年龄为 2860±30a B. P. 。

T2 阶地高约 3~5m，仅在河流北侧发育，阶地边缘受到河流侧向侵蚀，阶地上可见冲沟位错，位错量为 9.7±1.7m。对 T2 阶地剖面上的碳屑进行 ^{14}C 定年，获得 T2 阶地年龄为：3460±30a B. P. 。

在涅玛日研究区，得到 T1、T2 阶地对应位错为 6.3±0.7、9.7±1.7m，年龄分别为 2860±30、3460±30a B. P. ，利用蒙特卡洛模拟法计算滑动速率，得到涅玛日研究区 3.5ka 以来的平均水平滑动速率是 2.69+0.41-0.38mm/a（图 4.4－17、图 4.4－18）。

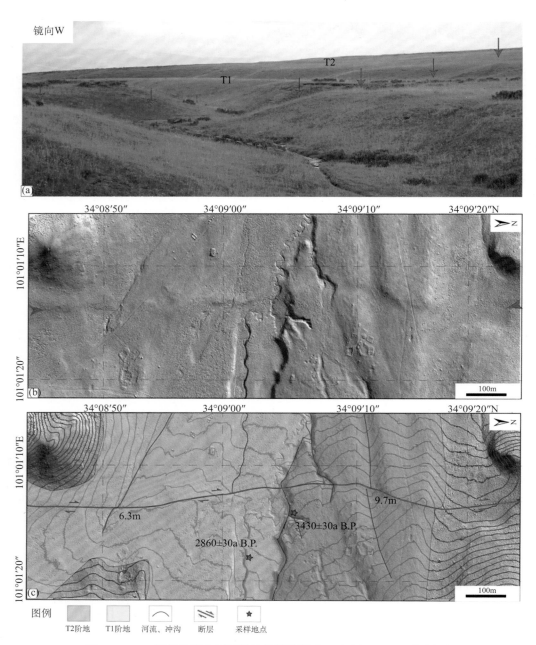

图 4.4 - 15　涅玛日研究区断错地貌野外照片、无人机 DEM 及解译图

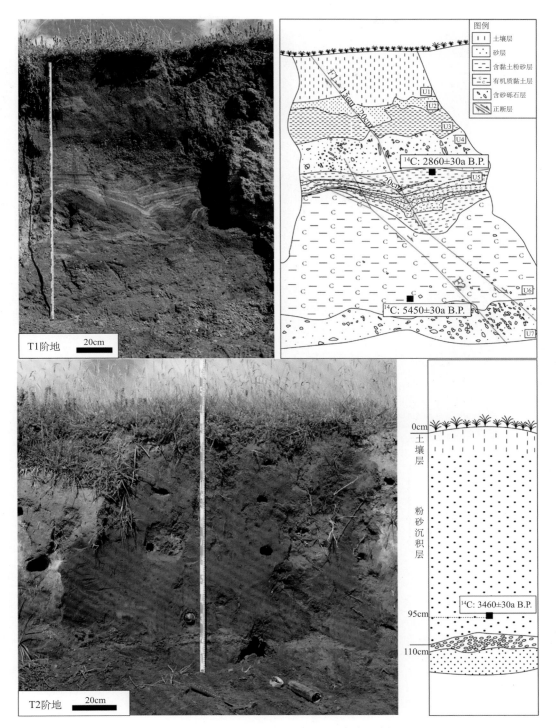

图 4.4－16　涅玛日研究区采样及最新断错剖面

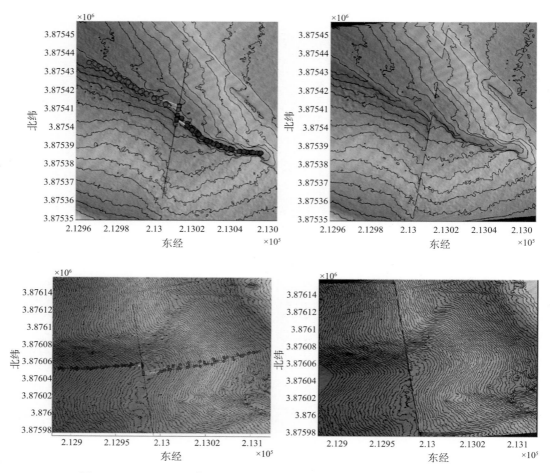

图 4.4 - 17　涅玛日研究区基于 LaDiCaoz_v2 软件河流阶地位错测量与恢复

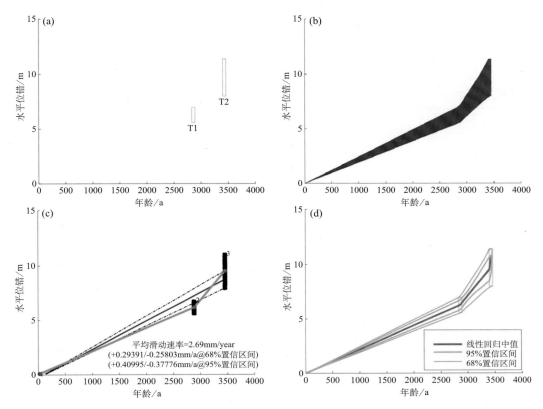

图 4.4 – 18　涅玛日研究区基于蒙特卡洛模拟滑动速率

4.4.5　小结

通过野外实地利用差分 GPS 测量，活动弯滑断层正向坎相关参数计算经验公式（杨晓东等，2014），准确的获得了日月山断裂北段各个断层陡坎的高度值，采用蒙特·卡罗方法计算得到各个断裂段断层陡坎高度的平均值和误差的方差，数据采集和处理方法精准可靠，获得了断层在不同时期的各次级断裂段的垂直累计位移平均值（表 4.4 – 2、图 4.4 – 5），可以看出，各断裂段垂直累计位移变化不大，整体上，自北向南，日月山断裂中部垂直累计位移稍高，断裂两端偏低，这可能与断层活动主要是从中部向两边过渡有关。晚更新世断层垂直累计位错量是全新世断层垂直累计位错量的 2 倍。通过对日月山断裂北段各次级段上断层断错冲沟、阶地和冲洪积扇体的水平位错量遥感影像解译工作，结合野外调查获得的相关地貌面的年龄数据，初步得到了日月山断裂各次级断裂段晚更新世、全新世以来的滑动速率。

利用高景一号遥感卫星影像对日月山断裂南段进行了断层走向、分段、分支的精细解译，认为断层可以分为贵德段和多禾茂段两段。贵德段走向多变，整体为北偏西 20°，主要发育于山麓和基岩之中，表现为沿断层迹线的断层陡坎、断层槽谷等，在日肖隆瓦研究区附近可见河流阶地、山脊位错、断塞塘等现象。多禾茂段走向整体为北偏西 5°，断层分支较多，主要表现为沿断层发育的断层崖、断错冲沟、断错河流阶地、闸门脊、断塞塘等。

滑动速率是活动构造研究中最重要的参数，对认识断层活动性以及地震安全性评价有很大帮助。影响滑动速率的因素有许多，位错误差、年龄误差、位错-年龄匹配度都会影响滑动速率准确性（刘金瑞，2018）。本文采在关键地貌单元所采用的高精度 DEM 数据，帮助我们提高了位错测量的精度。此外，本研究所使用的半自动化测量软件也经过了许多检验，证明其具有很好的位错测量精度（Zielke et al, 2012, Ren et al., 2016），可以减少人工测量的误差。最终本研究在贵德段日肖隆瓦研究区获得 26.3±3.1、32.7±7.1、38.6±8m 三个期次的地貌面，在多禾茂段涅玛日研究区段获得 6.3±0.7、9.7±1.7m 两个期次地貌面。在多禾茂段涅玛日研究区河流侧向侵蚀非常严重，我们以阶地上的冲沟位错来代替河流位错，由于冲沟的形成可能晚于河流阶地，所以冲沟累积的位错量可能小于河流阶地的累积位错量，导致滑动速率偏小，所以这个点位获得的滑动速率应该是真实速率的下限。

地貌面的定年本文采用 [14]C 和光释光（OSL）结合来限定，[14]C 测年具有可靠性高、分辨率高的优点，作为本文的主要定年手段可以大大提高地貌年的年龄精度（尹金辉，2005）；而光释光则具有覆盖范围广，用途广泛的优点，对黄土、河流细颗粒沉积物有很好的适用性。本研究在北段获得 7840±30a B.P.、9350～10700a B.P.、1.19±1.3ka B.P. 三个年龄序列，在南段获得 2860±30、3460±30a B.P. 两个年龄序列。

此外，在滑动速率计算中，本研究采用的蒙特卡洛模拟方法，解决位错—时间匹配误差的问题，最终对贵德段、多禾茂段拟合回归系数 R2 分别为 0.9768 和 0.9558，接近 1，证明断层位错—年龄拟合良好，位错—年龄具有很好的一致性，最终获得日月山断裂南段的贵德段、多禾茂段段滑动速率分别为：3.37+0.55-0.68 和 2.69+0.41-0.38mm/a，考虑到多禾茂段滑动速率是最小值，两段的滑动速率应该更加接近。这一速率葛伟鹏等（2013）利用 Loveless 块体模型分析 GPS 速度场得到的日月山断裂南段滑动速率约为 2.9～4.5mm/a 较为吻合。

在日月山断裂北段的研究中，袁道阳（2003）日月山断裂北段柴陇沟地区河流阶地进行调查，得到全新世以来平均滑动速率为 3.25±1.75mm/a；李智敏（2018）利用河流阶地位错所获得的全新世以来的右旋滑动速率约 2.18±0.4mm/a。本研究所得到的日月山断裂南段滑动速率与北段基本处于同一量级，表明日月山断裂北段和南段应该是同一构造应力下的产物。这一滑动速率与鄂拉山断裂滑动速率相近，（袁道阳，2004；周德敏，2005），表明日月山和鄂拉山应该是一组对偶分布的断裂，在北东向主应力下，青藏高原东北缘块体发生了北东向缩短及顺时针方向的旋转，使得阿尔金断裂、祁连海原断裂及昆仑断裂发生左旋走滑，鄂拉山和日月山等断裂发生右旋走滑和北东向压扁来共同吸收地壳缩短。

沿日月山断裂带热水段的探槽研究揭露出 1 次古地震事件，该古地震事件发生在 9865±40～9425±35a B.P.，结合前人研究认为该断裂带热水段的古地震事件距今 6280±120a（袁道阳等，2003）和 9645±220a B.P.，复发间隔约 3365a 左右，全新世以来倾滑速率为 0.03mm/a。日月山断裂带上已揭露出 3 次古地震事件，分别为 9645±220、6280±120 和 2220±360a B.P.，复发间隔为 3500a 左右。

由于该断裂段最近一次古地震事件距今已接近 2220 年，与其复发间隔 3365 年相比尚有一段时间。考虑到古地震事件的不确定性和年代样品的误差，初步推断日月山断裂带热水段的地震危险性不大，但不排除有中强地震的可能性。

　　由于探槽数量偏少，加之探槽剖面中古地震期次较少及存在测年误差等原因，对确定的古地震事件可能会存在一定的不确定性或遗漏，有待今后进行更多的古地震大探槽的开挖研究加以解决。

4.5　青海南山北缘断裂

4.5.1　断裂概述

　　断裂西起黑马河以西，向东沿青海南山北缘山前展布，在倒淌河附近走向由 NWW 转变为 NW 向，全长约 160km，倾向 SW，倾角 60°左右，断裂活动具有左旋走滑兼逆冲性质。

4.5.2　断裂活动性

　　倒淌河镇西侧 4km 附近，可见青海南山北缘断裂基岩断面，断面附近地貌上断层槽谷地貌，受断裂影响可见冲沟裂点（图 4.5-1）。剖面上覆较薄的第四纪沉积物，断裂带内测得产状为 197°∠78°，基岩山产状 65°∠65°，基岩主要为板岩。

图 4.5-1　倒淌河镇西侧 4km 基岩剖面
1. 表层土；2. 板岩；3. 断层破碎带

　　在青海南山北缘断裂通过位置，通过无人机航测得到的 DEM 数据和地貌照片（图 4.5 - 2），断层线性特征明显，可见老断层槽谷和垭口地貌。

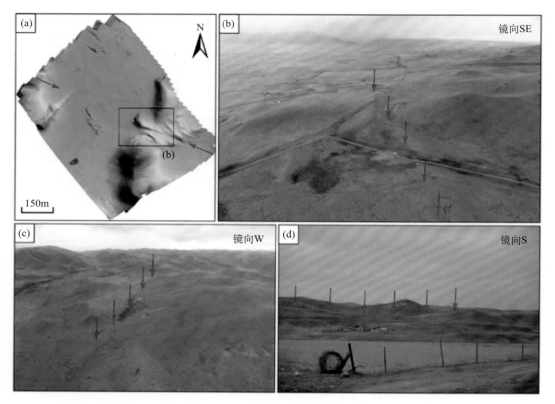

图 4.5 - 2　青海南山北缘断裂地貌

　　青海南山北缘断裂通过位置附近，路边可见基岩破碎带，见断面图 4.5 - 3，灰黑色板岩中间夹青灰色凝灰岩，层位描述如下：

层①表土覆盖层，约 10cm 厚，有植物根系。

层②深灰色板岩，产状为走向 NNW345°∠2°。

层③浅灰色凝灰岩，产状为走向 NNE20°∠78°。

层④灰黄色板岩产状为 10°∠57°，中间夹部分凝灰岩。

层⑤两处断层破碎带，比较杂乱，可近似测得断层的倾角为 72°。

　　在倒淌河西，三叠纪深灰色板岩逆冲到冲沟 T2 阶地冲洪积物之上（图 4.5 - 4），阶地后缘遭侵蚀在地貌上形成垭口。

　　309 县道路边，断层斜切北东向的倒淌河河谷，倒淌河在该区域发育有 3 级阶地，在倒淌河 T3 级阶地可见断面（图 4.5 - 5），通过无人机航测得到的高精度 DEM 影像，断层线性特征明显（图 4.5 - 5a），在路边的两侧阶地上均发现了断层（图 4.5 - 5c、d），断错倒淌河 T3 级阶地，对剖面进行了清理，揭示的地层自上而下依次为：

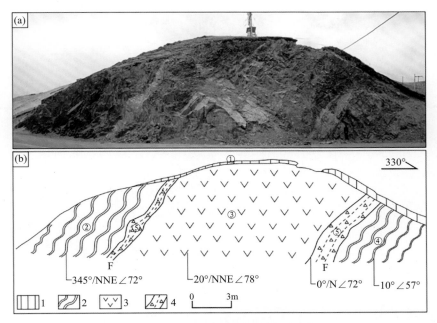

图 4.5 – 3 青海南山北缘断裂基岩剖面

1. 表层土；2. 板岩；3. 凝灰岩；4. 断层破碎带

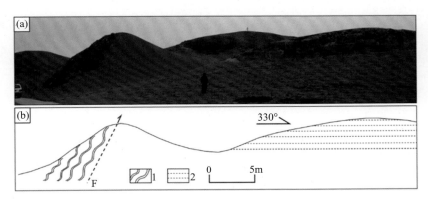

图 4.5 – 4 断层地貌图

1. 板岩；2. 河流阶地沉积

层①为表层覆盖腐殖土，厚度约 20cm，有植物根系。

层②为黄褐色细砂。

层③为青灰色较薄的砾石层。

层④为黄褐色细砂层。

层⑤为被断错砾石层。

层⑥为断裂带内杂乱物质。

从剖面中可以看出，断层断错断砾石层⑤，未被断错上覆黄褐色细砂层④，因此认为，断裂在层④形成以来不再活动。我们在层④阶地砂层内与层⑤砾石层的细砂层透镜体中采集

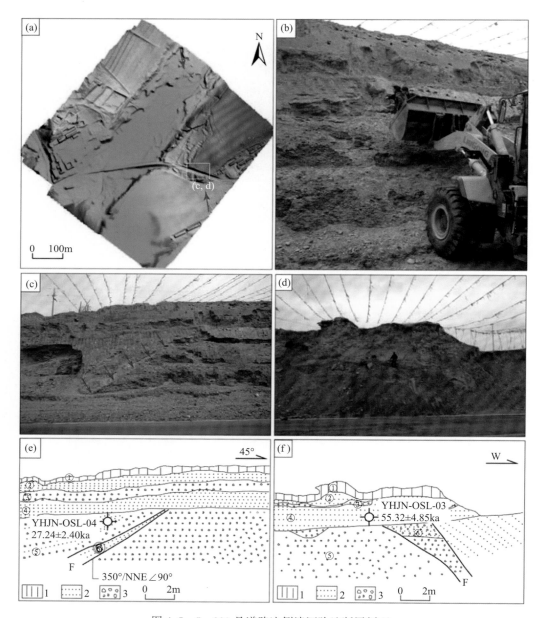

图 4.5 - 5　309 县道路边倒淌河阶地断层剖面
1. 表层土；2. 阶地细砂沉积；3. 阶地砾石沉积

了光释光（OSL）样品，样品编号为 YHJN-OSL-04 与 YHJN-OSL-04，用于限定断裂的最新活动时间，测试结果为分别为 55.32±4.85、27.24±2.40ka，据此可以判断该断裂为晚更新世活动断裂。

拉瓦西镇以南水库附近，三叠纪青灰色板岩逆冲到第三纪紫红色砂岩之上，并形成垭口地貌（图 4.5 - 6）。三叠纪青灰色板岩的产状为 315°∠40°，第三纪紫红色砂岩产状为 315°

∠15°，受到断裂逆冲作用的影响，第三纪砂岩倾向山外，倾角较缓。

综上所述，青海南山北缘断裂线性特征明显。野外调查发现断层最新活动时代为27~55ka，结合前人研究成果，综合认为倒淌河—循化断裂为晚更新世活动。

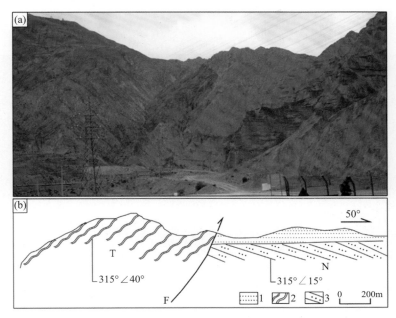

图4.5－6   拉瓦西附近青海南山北缘断裂基岩断面
1. 第四纪沉积；2. 板岩；3. 第三纪砂岩

4.5.3   小结

青海南山北缘断裂断错最新地层为河流T3级阶地，断层经过处河流T1级阶地未发现断错迹象；河流T3级阶地的形成年龄大约10万年，T1级阶地的形成年龄大约1万年，因此认为青海南山北缘断裂晚更新世早期活动，全新世以来不活动。

4.6   夏日哈北侧断裂

4.6.1   断裂概述

夏日哈北侧断裂位于夏日哈北侧，柳河村南侧谷地内，近NNW走向，沿山前发育，长约5km，距厂址最近距离约15km，为右旋走滑兼具逆断分量的断裂。无人机航测显示其部分段落具有显著的线性构造特征，同时在断裂经过处发现错断T3高阶地，推测其为晚更新世—全新世断裂。

4.6.2　断裂活动性

夏日哈镇北侧，T3 阶地砾石层内发现断裂剖面，断层产状为 345°/NEE∠70°（图 4.6 - 1），底部细砂层被错断，由于断裂作用形成构造楔，顶部砾石层有一定层理，没有被错断迹象。详细地层描述如下：

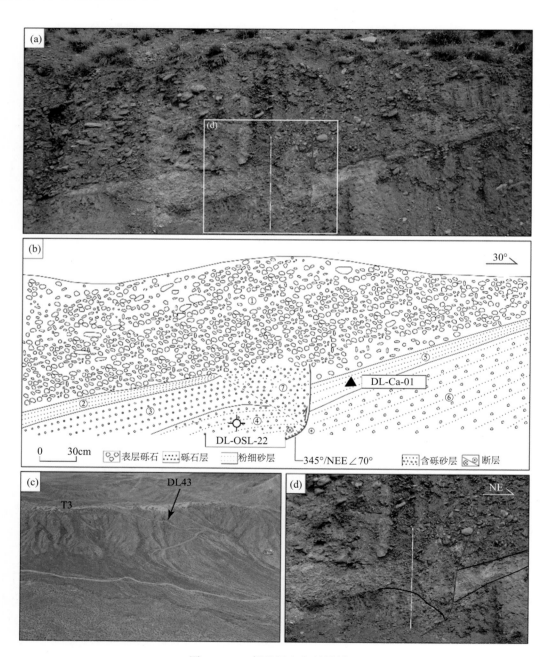

图 4.6 - 1　都兰调查点断层剖面

　　层①顶部砾石层，厚度较大，约 3m 厚，分选磨圆较差，有一定斜向层理，未被断层断错。

　　层②阶地粗砂层，与层⑤为同一层，钙质胶结。

　　层③阶地砾石层，粒径相较于顶部砾石层较小，有一定分选，斜向层理。

　　层④含砾粉细砂层，采集光释光样品，编号为 DL-OSL-22。

　　层⑤阶地粗砂层，钙质胶结，采集样品 DL-Ca-01。

　　层⑥含砾粉细砂层，与层④可能为同一层。

　　层⑦断层活动导致构造充填楔，比较杂乱，砾石细砂混杂。

　　夏日哈镇北侧，无人机 DEM 数据可看出地貌上断裂迹线明显，走向近 NNW，山脊发生明显右旋，位错量可达 40m（图 4.6-2）。

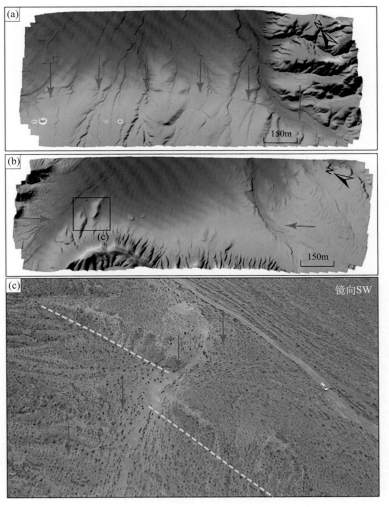

图 4.6-2　都兰 DL44 山脊右旋航拍 DEM 及影像图

夏日哈镇北侧，县道409西侧，发现基岩断层剖面，基岩为青绿色奥陶—志留系片岩，基岩产状为210°∠45°（图4.6－3），断层剖面上有一定宽度的断层破碎带，含一定角砾，呈灰黄色。基岩内断层面产状为290°/NE∠75°。

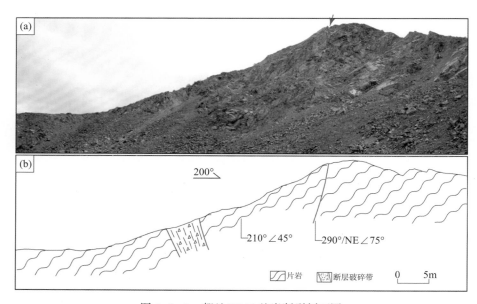

图4.6－3　都兰DL46基岩断裂剖面图

4.6.3　小结

经野外调查认为，夏日哈北侧断裂错断了T3阶地，因此推断其活动时代应为晚更新世—全新世。

4.7　夏日哈断裂

4.7.1　断裂概述

该断裂跨过夏日哈镇北侧，向南经英德尔滩北东、羊场，一直到热水乡，沿线均有断裂发育，断裂总长度约60~70km，近场区断裂长度为42km，为一条晚更新世—全新世右旋滑动断裂，走向北西。夏日哈镇北侧线性不明显，南侧断裂穿过基岩山区和山前冲洪积扇，老断裂出露位置可发现一定宽度的断层破碎带及擦痕。通过无人机测图和野外实地考察，断裂线性比较明显，山脊、水系被错断现象均可发现，同时还在深切的冲沟壁发现晚更新世-全新世断裂剖面。

4.7.2 断裂活动性

夏日哈镇南东 14km 处发现基岩断层破碎带，两侧为灰褐色三叠纪安山岩，中间为灰绿色顺断层定向的断层破碎带，在破碎带内部可以清理出断层面，有近水平的擦痕，断层产状为 30°/SE∠70°（图 4.7-1），断层破碎带宽度约为 1.2m。同时发现冲沟阶地沉积地层内有裂缝（图 4.7-2），疑似与断裂有关。

夏日哈镇南东 14km 处，冲沟右旋位错的位置，清理冲沟壁发现断层剖面，断层未断错顶部黄土层，底部断层两侧不一样，西侧以松散粗砂层和细砂层为主，东侧是胶结较好的粉细砂层中间夹粗砂层条带（图 4.7-3）。

夏日哈断裂在此处经过，断裂迹线明显，走向近 NNW，冲洪积扇、冲沟阶地、山脊均有被错断迹象，发育断层槽谷等典型断层地貌特征（图 4.7-4）。航拍影像 DEM 显示，断裂线性特征显著，错断多期晚第四纪沉积及地貌单元。

图 4.7-1　都兰调查点 DL30 基岩断裂剖面图

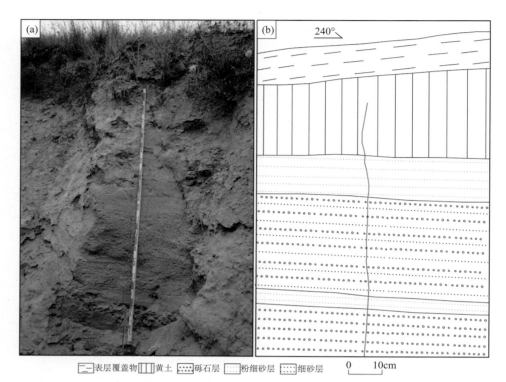

表层覆盖物　黄土　砾石层　粉细砂层　细砂层　　0　10cm

图 4.7 - 2　都兰调查点 DL30 冲沟阶地剖面图

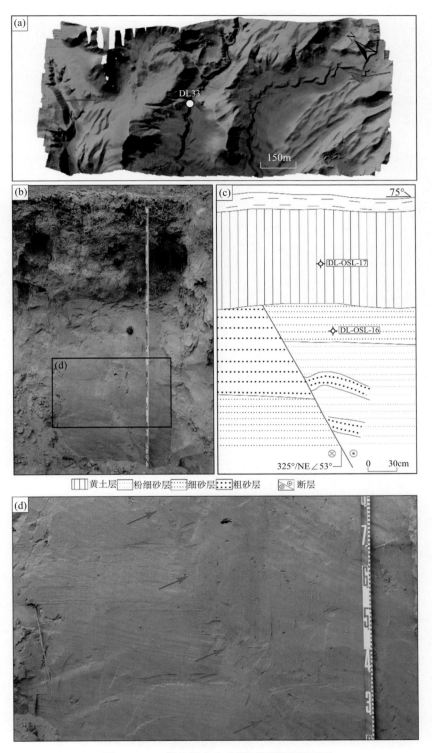

图 4.7 − 3　都兰调查点晚第四纪断裂剖面图

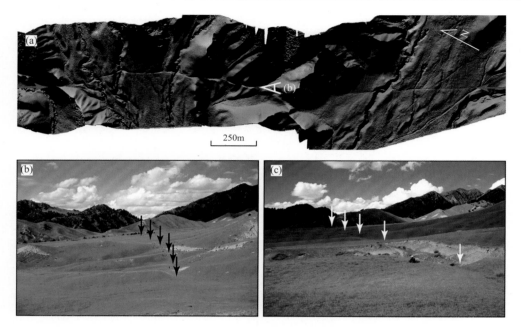

图 4.7 - 4　调查点航拍 DEM

4.7.3　小结

夏日哈断裂线性特征明显，错动了多期冲洪积扇体及河流阶地，其错动最新一期的地质体为 T1 阶地下部，未错动顶部的黄土沉积，因此推测其活动时代为晚更新世—全新世。

4.8　热水—桃斯托河断裂

4.8.1　断裂概述

通过遥感解译和野外实地调查发现，热水—桃斯托河断裂起始于都兰县热水乡西，自西向东经过阿木它西、尕洛合、白石岩沟、智尕日村、扎麻日村、乌苏北，长约 40km，走向近 NEE。该断裂为我们新发现的一条晚第四以来左旋走滑兼正断性质的活动断裂，受区域东昆仑断裂和鄂拉山断裂的影响，本区地震活强烈，在该断裂的东端，新发现了长约 6km 的地震破裂带。

最新开展的地表调查在都兰—茶卡高地南部新发现了 1 条长约 40km、走向近 NNE 的走滑兼正断裂——热水—桃斯托河断裂。该断裂表现出断塞塘、水系左旋错动等典型的走滑断裂变形标志。将通过无人机对关键地貌单元进行航测，生成了分辨率小于 0.05m 的 DEM 数据的解译与野外地质调查结果主要获得了以下 2 点认识：①热水—桃斯托河断裂的发现尚属首次，热水—桃斯托河断裂长约 40km，断裂带东端存在 6km 长的地表破裂带；②断裂切过的冲沟和阶地存在左旋位错现象，在利用无人机获取的高分辨率 DEM 影像上，通过对冲沟沟谷的地形剖面恢复测量得到的位错量为 9.3±0.5、17.9±1.5、36.8±2m。通过对 2 级冲沟阶地位错恢复测量得到 T1/T0 阶地陡坎位错量为 18.2±1.5m，T2/T1 阶地陡坎的位错量为 35.8±2m。可以看出冲沟位错量和阶地位错量的恢复测量得到较为一致的结果。据历史地震记载，在热水—桃斯托河断裂地表破裂东端，1938 年 4 月 10 发生了 $M_S5\frac{3}{4}$ 地震和 1952 年 3 月 21 日发生了 $M_S5.0$ 地震，可能与该断裂的活动有关。我们查询了都兰县县志等相关资料，均没有发现有关于这两次地震的文献记录，这可能与当时地震震中比较偏远，都兰县人口本来稀少，而且发震时间比较久远有关。

4.8.2　断裂活动性

在智尕日村西 1.3km 处桃斯托河南岸，冲沟自南向西流入桃斯托河，该冲沟发育两级阶地，其中Ⅰ级阶地 T1 拔河约 2m，Ⅱ级阶地 T2 拔河约 4m，热水桃斯托河控制了两级阶地的发育，在冲沟西壁我们发现了断层迹象，对沟壁进行清理，发现断层具有走滑活动特征（图 4.8-1），断层东盘为厚层黄土，西盘为阶地堆积，顺断层滑动面有砾石定向排列，断层产状为 45°/NNW∠45°（视倾角），剖面地层自上而下描述如下：

层①T2 阶地较厚黄土层，分选较好，有一定水平层理。

层②T1 阶地顶部砾石层，分选磨圆较差，有个别较大砾石，厚度不均一，层理倾斜。

层③T1 阶地细砂层，层理向河道一侧倾斜，分选磨圆较好。

层④T2 阶地黄土层，被 T1 阶地盖住，中间夹小砾石透镜体。

层⑤T2 阶地底部砾石层，磨圆中等，分选较差，夹个别大砾石，厚度不均一。

层⑥细砂层，水平层理，底部夹较大砾石水平分布，采集光释光样品，编号为 DL-OSL-20。

层⑦底部砾石层，较上层砾石粒径较小，分选磨圆中等，仅在断层一侧分布。

层⑧细砂崩积楔，中间夹一较大砾石，层理倾斜，由于断裂活动导致。

热水—桃斯托河断裂东部的桃斯托河虽然地处的高海拔地区，但地势起伏相对平缓，晚第四纪冲积相堆积物得到了较好的保存。并在该地区我们发现了近 6km 长的地表破裂，借助于无人机航测得到的 DEM 数据影像，我们对地表破裂的规模和地貌位错量进行了精细的定量研究。

在 DEM 影像上，断层走滑活动在山前冲洪积扇体上形成宽约 4~5m 的地表破裂带，破裂带长约 6km，线性特征明显，沿破裂带发育一系列的断塞塘（图 4.8-2），这些断塞塘沿断裂串珠状分布，单个长度数十米，宽约 2~5m 左右，由于冲沟的侵蚀作用，鼓包不明显，冲沟沟壁由于断层左旋错动沿断层形成反向坎。

在破裂带的西端，发育由西向东流动规模较大的冲沟，冲沟宽度约 40m，依据对阶地陡坎、阶地面的保存程度、阶地的相对高度的分析，断裂上、下游左岸可分出 2 级冲洪积阶地，阶地陡坎保存完好，陡坎坡度较陡，与断裂的交点清晰，阶地范围易于识别，这说明因为长期来自山坡的流水对陡坎侵蚀作用较弱，陡坎保存相对较好。在无人机航测高精度 DEM 影像上对各级阶地陡坎进行位错恢复测量（图 4.8-3），考虑到 DEM 影像的分辨率（0.05m）以及阶地陡坎与断裂交点的清晰程度，我们测得 T1/T0 阶地陡坎、T2/T1 阶地陡坎的位错量分别为 18.2±1.5、35.8±2m。

图 4.8 - 1　调查点断层航拍 DEM 与错断第四纪地质剖面

断层切过由北向南流动的冲沟 A、B，这两条冲沟规模较小，阶地不很发育，断裂上游冲沟 A、B 沟床的宽度与断裂下游沟床的宽度基本一致，表明冲沟流水对冲沟沟壁并未产生明显的冲刷侵蚀。这可能是因为研究地区气候干旱，A、B 冲沟临近分水岭地带，上游汇水盆地较小，冲沟中水量较少；在 7~9 月份的雨季，我们在研究地区实地考察也发现，A、B 冲沟中仅有很小的细流，这可能不足以对冲沟沟壁产生较大的侵蚀。通过该地区无人机航测高精度 DEM 影像对 2 支相邻冲沟 A、B 进行位错恢复（图 4.8 - 4、图 4.8 - 5），结果显示冲沟 A 左旋位错量为 17.9±1.5m；冲沟 B 有 2 期左旋位错，形成端头沟，一期左旋位错量为 9.3±0.5m，另一期左旋位错量为 36.8±2m。

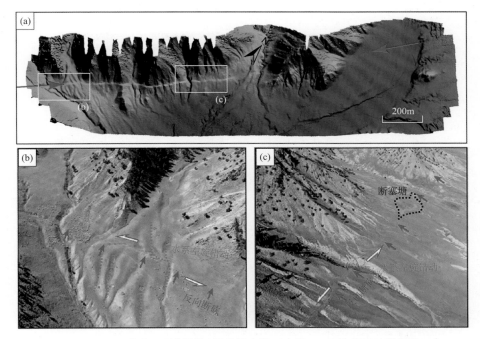

图 4.8－2　热水—桃斯托河断裂最东段无人机 DEM 数据及地貌照片

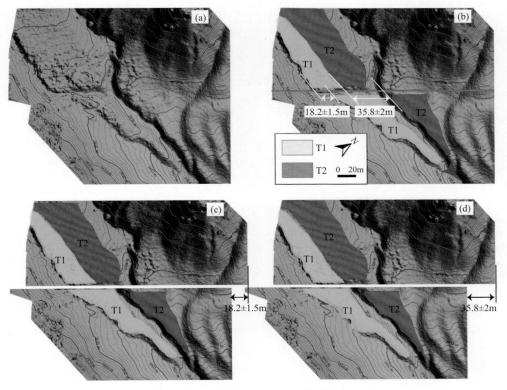

图 4.8－3　断错的冲沟阶地位错恢复

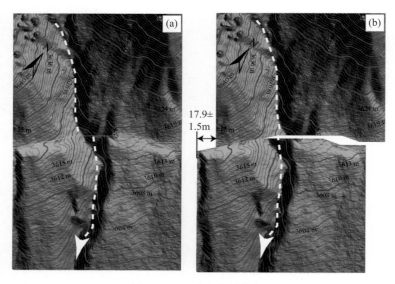

图 4.8 - 4　冲沟位错恢复

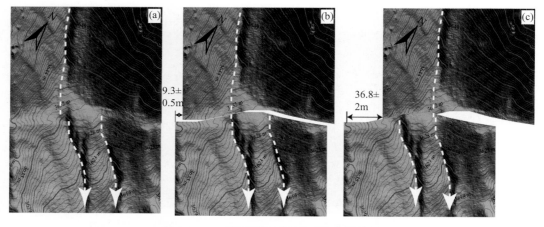

图 4.8 - 5　不同断错级别的冲沟位错恢复

　　无人机测图得到高精度地形数据表明断裂有很好的线性特征，断裂走向发生拐折，顺断层方向有线性槽谷发育，一系列山脊、冲沟被左旋错断（图 4.8 - 6）。

　　在热水—桃斯托河断裂最东段，跨地表破裂反向看开挖长 18m、宽 3m、深 3.5m 的探槽，意在揭露热水—桃斯托河断裂活动证据及古地震事件。探槽 SW 壁，探槽剖面断层两侧物质明显有差异，断层错断除顶部表层覆盖物和黄土层的所有地层。断层性质为走滑兼正断，倾角较陡，断层面不平直，产状为 220°/NW∠65°（图 4.8 - 7）。剖面上还发育多条贯穿张裂缝，沿裂缝填充砾石、草根等物质。主断裂与另一次级断裂构成构造楔，构造楔内地层倾斜，明显与断层两侧地层不一致。断层上盘顶部发育一套灰黑色泥炭层，断层下盘顶部仅发育一小段，断层两侧有一定垂向断距，推测为最新一次地震事件造成。断层下盘发育三

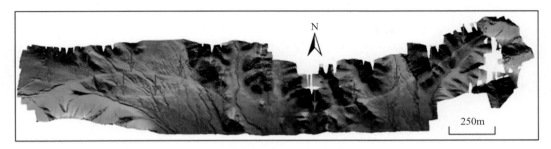

图 4.8-6 高精度 DEM 数据展示断裂线性特征

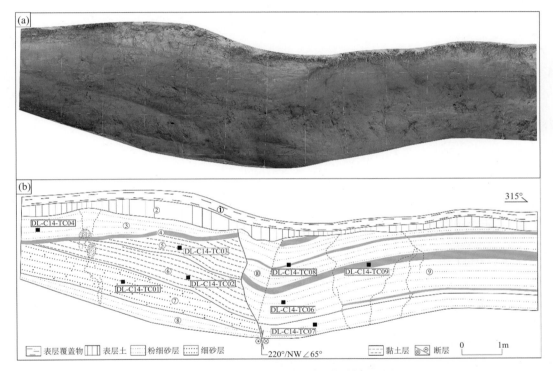

图 4.8-7 热水—桃斯托河断裂探槽剖面图

套灰黑色泥炭层，推测为三套古土壤层，代表了曾经的 3 次古地震事件。我们在剖面上采集了 9 个放射性碳样品，用于限定地层时代及古地震事件时间。探槽剖面地层描述如下：

层①表层覆盖物，有大量草根，厚约 20cm。

层②顶部灰白色黄土层，未被断层断错，采集放射性碳样品，编号为 DL-C14-TC04。

层③灰褐色粉细砂层，近水平层理。

层④灰黑色泥炭层，标志层，断层两侧泥炭层有一定垂向断距。

层⑤褐色黏土层，较松散，斜层理，采集集放射性碳样品，编号为 DL-C14-TC03。

层⑥褐色黏土层，较松散，斜层理，中间夹砾石透镜体，采集集放射性碳样品，编号为 DL-C14-TC02。

　　层⑦黄褐色含小砾石砂层，斜层理，采集集放射性碳样品，编号为 DL-C14-TC01。

　　层⑧底部灰白色粉细砂层，胶结较好。

　　层⑨断层下盘粉细砂层，中间夹多套泥炭层和多条裂缝，泥炭层可能代表了不同时期的古土壤，代表多次古地震事件。在泥炭层和不同深度粉细砂层分别采集集放射性碳样品，编号为 DL-C14-TC06、DL-C14-TC07、DL-C14-TC08、DL-C14-TC09。

　　层⑩断层中间夹的构造楔，构造楔内地层层理与断层两侧明显不一致。

4.8.3　小结

　　热水—桃斯托河断裂沿线线性形迹显著，错断多期冲洪积扇体及河流阶地，并发育约 6km 长的地震地表破裂，探槽揭露显示，其最新错动地质体已接近地表，因此其活动时代应为全新世。

4.9　昆中断裂

4.9.1　断裂概述

　　昆中断裂西起博卡雷光塔格山北坡，向东经大干沟、清水泉、青根河至鄂拉山后呈隐伏状继续向东进入甘肃省内。青海省内全长大于 1000km。在南山口至纳赤台之间有 3 条平行的次级断裂伴生，南昆中断裂、中昆中断裂和北昆中断裂等。

4.9.2　断裂活动性

1. 北昆中断裂

　　在都兰南采石场，闪长花岗岩体里面发现昆中断裂次级基岩断层面，南侧断层沿断层运动方向断错开，露出 30cm 宽的断层面，产状分别为 175°/E∠75° 和 75°/N∠55°，肉红色脉体被断开，断距分别为 1m 和 20cm（图 4.9-1）。

　　昆中断裂旁侧见北西向次级断裂出露。断裂发育在灰黑色细粒黑云母闪长岩之中。断裂产状为 70°/NW∠55° 和 70°/NW∠55°，断裂带可见宽度达 3~4m。断裂具有分带性，表现为闪长岩碎粉岩、闪长岩碎裂岩和碎裂闪长岩，顺断层方向黑色条带和灰白色条带交替（图 4.9-2）。从断带构造特征分析，断裂逆断层性质。断裂带断层物质已胶结。该剖面揭露的断裂为昆中断裂主断裂旁侧北西向断裂，断裂性质为逆断层。

2. 中昆中断裂

　　在格尔木南大干沟北岸，青藏公路东侧，输气管道开挖的冲洪积扇剖面中，发现全新世活动证据（图 4.9-3），断层产状为 85°/NNW∠50°。此剖面顶部覆盖较厚人为砾石层，约为 1m 厚，下部为有较好水平层理的砾石层，未被断层断开。下部黏土层和细砂层均被断裂错开，且由于受到断裂运动影响，断层两侧地层层理方向有差异，层④和层⑨为断裂活动标志层，剖面上垂直断距约为 1.6m，指示断裂除了走滑运动，可能还有逆冲分量。由于断裂运动，沿断裂有黏土层块线性分布，灰黑色细砂层沿断裂挤入呈现楔状。剖面地层描述如下：

图 4.9-1　调查点基岩断层剖面

　　层①人工堆积砾石层，较杂乱，约 1m 厚。

　　层②顶部砾石层，有水平层理，分选磨圆较好，未被断层错断。

　　层③灰黄色粉砂层，较松散，有斜向层理，有灰黄色砂层和浅黄色砂层互层，靠近断层位置有黏土层块。

　　层④灰白色黏土层，胶结较好，层理明显，为斜层理。

　　层⑤顶部细砂层，水平层理，采集光释光样品，编号为 GM-OSL-06。

　　层⑥薄黏土层，灰黄色，胶结较硬，厚约 10cm，水平层理明显，中间夹较薄细砂层。

　　层⑦灰黄色粗砂层，较松散，底面弯曲，分别在顶部和底部采集光释光样品，样品编号为 GM-OSL-05 和 GM-OSL-04。

　　层⑧浅黄色细砂层，顺断层有一定拖曳，较松散，水平层理明显，分选磨圆较好，底部采集光释光样品，编号为 GM-OSL-03。

　　层⑨灰白色黏土层，胶结较好，水平层理明显，厚度不均一，采集光释光样品，编号为 GM-OSL-02。

图 4.9 - 2　调查点基岩断层剖面

　　层⑩灰黄色细砂层，顶部斜层理，底部水平层理，有灰黄色砂层和浅黄色砂层互层，采集光释光样品，编号为 GM-OSL-01。

　　层⑪顺断层挤入的灰黄色细砂层，层理为顺断层斜向上，指示断层性质为逆冲。

　　在格尔木南大干沟北岸，青藏公路东侧，冲沟剖面发现断层剖面，断层产状为 110°/NEE∠68°（图 4.9 - 4）。剖面底部断层两侧明显有差异，断层北侧为磨圆中等，分选较差，夹杂个别大砾石的较厚砾石层，断层南侧为层理明显，靠近断层有一定挠曲的土黄色细砂层，可能由于断裂走滑运动导致两侧物质的差异。剖面顶部砾石层中有细砂透镜体，断层两侧的细砂透镜体可能为标志层，代表了断层两侧细砂透镜体有一定断距。

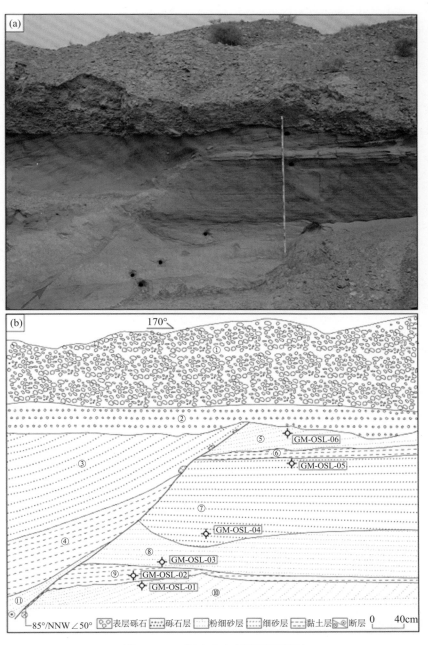

图 4.9 - 3 调查点全新世断层剖面

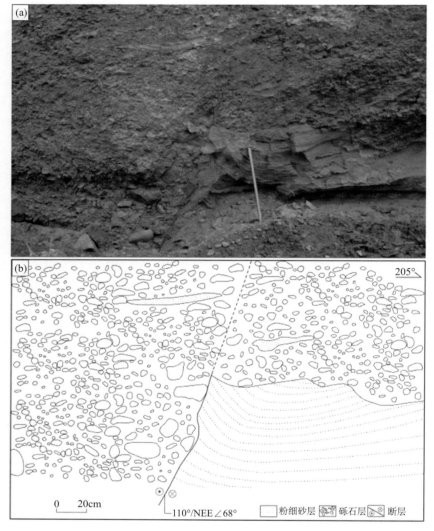

图 4.9 - 4　调查点剖面图

在格尔木南大干沟北岸，青藏公路东侧的冲沟阶地发现全新世断层剖面，断层整体为正断性质，两条正断层构成地堑结构，中间砾石层下陷，底部粉细砂层弯曲变形，其中一条断层产状为 325°/NE∠45°（图 4.9 - 5）。

3. 南昆中断裂

在青藏公路东侧，金圆水泥采石场发现基岩断层剖面，基岩主要为三叠系片理化砂层中间夹薄层灰岩，片理化比较明显，产状为 95°/S∠80°。断层带较宽，剖面上断面很缓，视倾角仅为 35°，断层产状为 90°/N∠35°（视倾角），断层带内为土黄色砂岩破碎物质，是断层运动导致的，顺断层方向有一定层理，部分位置已经发生揉皱变形，断层带宽度不均一（图 4.9 - 6）。

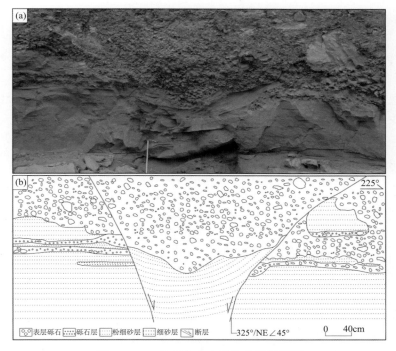

图 4.9 - 5　格尔木南大干沟北岸剖面图

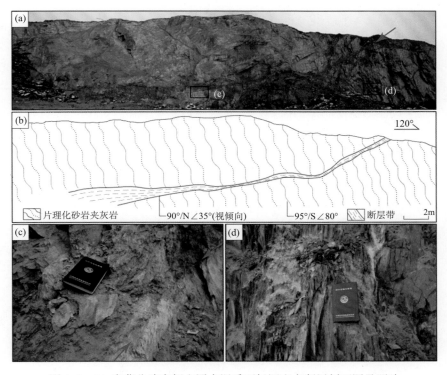

图 4.9 - 6　青藏公路东侧金圆水泥采石场调查点断层剖面图及照片

4.9.3　小结

昆中断裂由 3 条次级断裂组成，野外调查认为北昆中断裂和南昆中断裂为早中更新世断裂，晚更新世以来活动，中昆中断裂为晚更新世活动断裂。

4.10　玛多—甘德断裂

4.10.1　断裂概述

玛多—甘德断裂全长约 650km，从遥感图像上和地貌上均呈现出明显的线性特征。断裂西起曲麻莱东北部盆地，近东西向经过扎陵湖、鄂陵湖北部，至玛多县西北部盆地地区开始转向北西向，经玛沁、甘德、达日、久治，穿越大渡河至班玛，后进入四川省，通过阿坝县南部地区，最后止于红原县内（图 4.10 - 1）。该断裂在青海省内长约 200km，西端与昆仑山口—达日断裂斜接，向东经麻多北、玛多，后转向东南经甘德延出青海，由一组北西西—北西向断裂组成，倾向北东，倾角 55°左右。

玛多—甘德断裂位于东昆仑活动断裂带和昆仑山口西—达日断裂带之间，3 条断裂近乎平行排列（图 4.10 - 1）。东昆仑断裂带作为巴颜喀拉块体的北边界，它的活动最为显著，因此在以往的研究工作中，研究程度相对较高，而对于块体内部的玛多—甘德断裂的研究尚不充分。

玛多—甘德断裂在遥感图像上呈现出明显的线性特征，沿断裂分布有断续的断裂谷地，地貌形态各段有所不同。西段为地势较高的高地，是断裂两侧整体抬升所致。玛多以西断裂由多条分支断裂组成，使下二叠统呈透镜断片夹于其间。沿带发育宽约 200m 的破碎带。断裂地貌各段有异，西段断裂两侧整体抬升，形成高地；中段断层谷、凹陷发育，多处形成湖泊；东段差异升降运动强烈，多处形成山间断陷盆地。新生代以来的活动见于老地层逆冲于第三系之上，并使第三系褶皱。地貌上发育整齐的断层三角面、断层陡坎、残山、谷地及湖泊、泉水等。据航片判读，在玛多—甘德和苏湖日麻等段，有断裂切错最新微地貌的表现，带内多次发生过 5~6 级地震，推测该段是一晚更新世活动断裂段。中段以断层谷、凹陷发育为主；东段差异升降运动明显，多处形成山间盆地和深切峡谷。玛多—甘德断裂在玛多以西走向近东西，进入玛多盆地北缘逐渐转为北西向，经甘德、班玛延出青海省，全长约 650km。本课题主要对玛多—甘德断裂的中段进行研究，该段主要分布在青海省甘德县内（以下称为甘德段）。

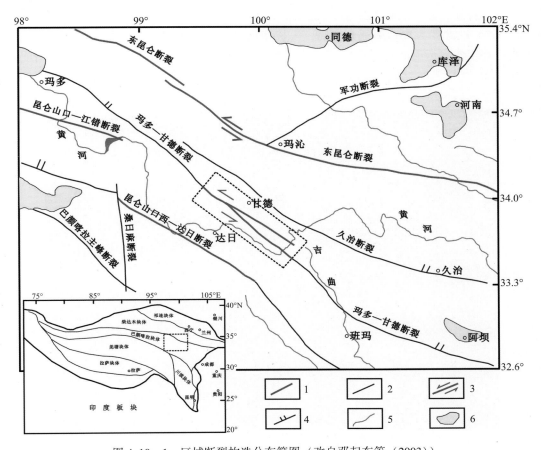

图 4.10 - 1　区域断裂构造分布简图（改自邓起东等（2003））
1. 晚更新世—全新世以来活动的断裂；2. 第四纪活动过但晚更新世以来活动情况不清的断裂；
3. 具有逆冲性质的断裂；4. 断层滑动方向；5. 河流；6. 新生代盆地

4.10.2　新发现地震地表破裂带（甘德段）

　　甘德地区在构造上属于巴颜喀拉块体，区域内发育多条北北西向断裂，根据实地考察发现，这些断裂都有强烈地震活动的痕迹。2008 年 7 月，青海省地震局和中国地震局地震预测研究所组成的联合野外考察队在甘德县南部地区新发现了地震地表破裂带，此次考察覆盖该破裂带的范围约 30km（图 4.10 - 2），初步估算其最大水平位移 5.9m，最大垂直位移 4m。2009 年 8 月我们又对整个破裂带以及玛多—甘德断裂甘德段进行了详实的野外填图、地形测量与槽探等工作。

　　甘德南部地区新发现的地震地表破裂带是一条比较新的地震破裂带，整个破碎带上植被覆盖都很少，这是地震发生后破坏地表原貌尚未恢复的结果，故推断最近的一次地震发生时间距今较短，根据现有地震资料的记录，认为这条地震地表破裂带是 1947 年达日地震的产物。断裂带总体走向 NW320°，穿越一系列山间盆地和沟谷，形成了许多 U 形山间垭口和水平断错水系。从点（33°48.353′N，99°54.317′E）往南东方向延伸，断裂带进入众多的黄河峡谷，野外工作开展困难，并未继续向南开展野外工作。从点（33°56.196'N，99°44.127'E）向北西方向地势逐渐增高，海拔变化较大，交通困难，故也未向北西方向做进一步的野外工作，但沿断裂带走向可以明显地看到地震地表破裂带有穿过山间继续向前延伸的痕迹（图4.10－3）。

图4.10－2　甘德南部地震地表破裂带野外考察路线

━━━━地震地表裂带；━━━━可能存在地震地表破裂带的区域（未考察）；📍地质现象记录点

图4.10－3　甘德南部地震地表破裂带的延伸

4.10.3 地震地表破裂的表现形式

结合地形图和卫星影像等遥感资料，发现该地区有大量明显的水平断错水系（图4.10 - 4）。左旋位移量约500~800m，应为长期多次地震累计的位移。可以初步判断该地区曾经地震活动较为频繁。

野外调查发现，地震断裂带的某些区域显示出明显的拉张性质，在山间形成了一系列的断层陡坎（图4.10 - 5a）。拉张应力环境使得走滑断层带内部多次形成断层下陷（图4.10 - 5b）。这些区域在多期地震断裂变形的作用下逐渐形成拉分凹地。分析出拉分凹地的发育程度对判断地震复合次数多少有很大的参考作用。

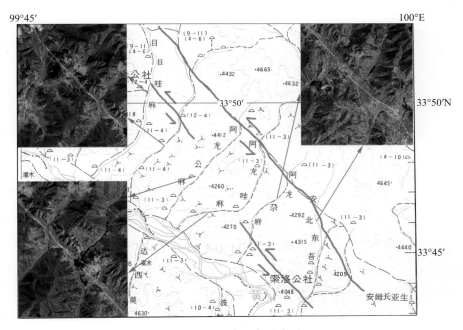

图4.10 - 4 水平断错水系

图4.10 - 5 区域拉张变形

（a）多次地震形成的一系列断层陡坎；（b）拉张形成多组断层

在此处测量多组数据，绘制断层剖面图（图 4.10 - 6）。通过对测量数据的分析和计算发现，该处断层形成的多个断层陡坎的高度大多约为 3m。可以初步判断，这条断层存在一个特征地震，并且地震在此处的垂直位移约为 3m。

沿着地表破裂带向 SE 方向考察，在点（33°52.168' N，99°50.289' E，4227m）发现了一处明显的冲沟错动（图 4.10 - 7a）。经测算，该冲沟左旋错动量为 5.9m，为此次所有考察点中的最大水平位移。当断裂带穿越山地区或者谷地边缘时，往往导致山脊位移，最明显的段错特征就是冲沟的错动，从而间接形成大小不一的断塞塘。在点（33°49.753' N，99°52.824'，4217m）处发育有一个小型的断塞塘（图 4.10 - 7b）。

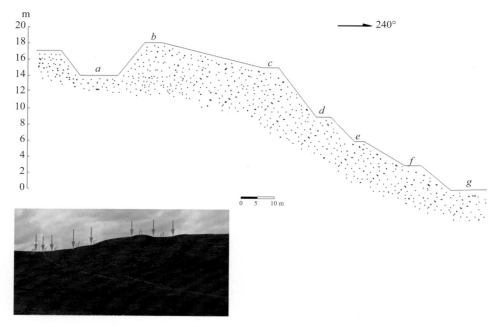

图 4.10 - 6　断层剖面图

图 4.10 - 7　冲沟的错动

（a）坡间冲沟左旋断错；（b）发育在冲沟下游的断塞塘

在地表比较破碎的点（33°48.966'N，99°53.624'，4210m）发现基岩出露。倾向83°，倾角52°，为浅红色三叠系砂岩（图4.10-8a）。整个断层带显得比较破碎，植被遭受破坏后并未恢复，多处为裸露的表层土壤（图4.10-8b）。

在点（33°56.196'N，99°44.712'E，4230m）断层通过的地方形成4m左右的垂直位移（图4.10-9a）。断层破碎带出露泉眼，水流长期作用在坡间冲刷出众多深沟（图4.10-9b）。

图4.10-8　破碎的地表破裂带

（a）在地表破裂比较严重的位置出露砂岩；（b）地表植被尚未恢复

图4.10-9　点（33°56.196'N，99°44.712'E，4230m）附近发现的地表破裂

（a）断层陡坎；（b）断层出露泉眼，水流冲刷形成冲沟

4.10.4　甘德断裂段活动性

1. 甘德段几何展布特征

通过野外调查，认为甘德段西起索合洛盆地西缘，东至黄河南岸索合勤一带，长约80km。断裂整体走向为NW—NWW向，主要有三条近似平行的断裂组成，分别为F1、F2、

F3（图 4.10 - 10）。三条断裂走向 310°~315°，F1 断裂与 F2 断裂基本平行延伸，F3 断裂进入阿龙村北部后逐渐转为 NWW 向，并在安母占以东与 F2 断裂交会。野外调查发现，在 F2 断裂上保留有较好的地震地表破裂带，带内有多期地震活动的遗迹。

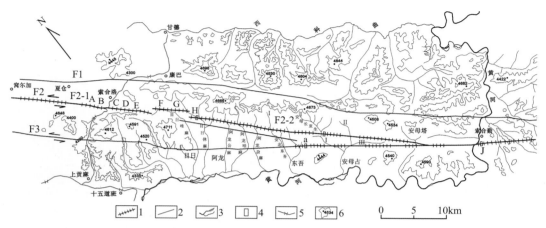

图 4.10 - 10 玛多—甘德断裂甘德段几何展布及地表破裂带分布图

1. 地震形变带；2. 活动断层；3. 水系；4. 探槽；5. 公路；6. 等高线

F2 断裂在几何形态上可细分为两段：索合洛段（F2-1）和目日哇麻—索合勤段（F2-2）。索合洛段长约 30km，由一组近北西向的断裂组成，断裂西起窝尔加南部，沿索合洛盆地南侧山前延伸，至索合洛盆地东部地表行迹逐渐消失。目日哇麻—索合勤段长约 50km，断裂西起目日哇麻北部山垭口，穿越一系列山间盆地，东至索合勤一带的黄河南岸。卫星遥感图像解译认为断裂有继续向南东延伸的痕迹。

2. 甘德段晚第四纪活动特征

野外调查结果表明，研究区甘德段第三系地层分布严格受到断裂构造的控制。新生代以来的断裂活动主要表现为老地层逆冲于第三系之上，并使第三系地层褶皱。断裂带中岩石强烈挤压破碎，多数地区发育有 80~100m 宽的断层破碎带，局部地区可达 200m 以上。在 F2 断裂和 F3 断裂上发现了地震地表破裂带，断裂切错一系列全新世冲沟及洪积扇。地表破裂带上保留有多期地震活动的痕迹，具体表现为新老地质体上存留的多期断层陡坎以及各类冲沟水系、山脊等地质体不同时期和不同规模的水平错动。

总结野外观察的现象认为，玛多—甘德断裂的甘德段晚第四纪以来有过强烈的活动并至今活跃。沿断裂带地表破裂类型丰富，在地貌上发育有整齐的断层三角面、断层陡坎、断层垭口、断层泉、断错水系、山脊扭错、断塞塘、鼓包等现象。

1）索合洛段（F2-1）活动特征

索合洛段（F2-1）断裂沿索合洛盆地南侧的山前展布，总体走向近 NW 向。由于夏仓以西无法开展野外工作，野外调查得到的地表破裂展布长度约 17km（图 4.10 - 11a）。破裂带向东延伸至目日哇麻西北的山垭口附近，逐渐进入基岩山体。借助遥感解译认为，断裂继续向北西延伸至窝尔加附近，长约为 30km（图 4.10 - 11a）。在考察点 F 附近发现三叠系基岩中存在两处明显的断层面，围岩挤压破碎形成宽约 60m 的断层破碎带，应为断裂早期活动的产物。

索合洛段保留有较好的地震地表破裂带，带内发育有多期断层陡坎。在索合洛西北部考察点 A、B、E 附近，保留有完好的断层陡坎（图 4.10-11b，c）。考察点 A 点附近的陡坎高约 3.5m，考察点 B 附近最新一期陡坎高约 4m，最高的陡坎可达 10m 左右，应为多次地震活动的累计位移。考察点 E 附近保留有两期陡坎，高 1.8~2m。破裂带内有的陡坎坡面上植被尚未完全恢复，说明这些陡坎形成年代较晚，故考察点 B 附近的 4m 高陡坎应为最新一次地震活动的最大垂直位移。

图 4.10-11 索合洛段地震地表破裂特征

箭头指示地表破裂位置或断层运动方向

（a）索合洛段地表破裂带展布；（b）考察点 E 附近两期陡坎；（c）考察点 B 附近陡坎及最大垂直位移；
（d）考察点 C 附近小冲沟错动；（e）垂直于断裂发育的深冲沟

断层陡坎往往不是单独存在，在某些位置还伴随着冲沟水系的左旋错动。索合洛东南部考察点 C 附近，山前洪积扇上保留有 3.5~3.7m 的陡坎。洪积扇上发育的一系列冲沟发生同步错动，左旋位移量从 2m 至 75m 不等，最小的位移可能代表着最新一次地震活动的位移量（图 4.10-11d）。在考察点 D 附近，山梁左旋错动 29m，山体两侧冲沟分别错动 28 和 35m，与山梁扭错对应。在第四纪地层覆盖的山坡地带，破碎带中断层泉极为发育，水流的长期冲刷切割形成与破裂带走向近似垂直的冲沟（图 4.76e）。这些冲沟的规模大小不一，说明它们开始形成和发育的时间不同，冲沟的规模和形成时代对应着不同时期的地震事件。

2）目日哇麻—索合勤段（F2-2）活动特征

F2-2 断裂整体走向近 NW，西起目日哇麻北，向东穿越一系列山间盆地并连续断错大量北东向水系，延伸至安母塔附近与 F3 断裂交会，最东至索合勤南部，全长约 50km。野外调查发现，在 F2-2 断裂上保留有长约 35km 的地表破裂带（图 4.10-12）。破裂带西起目日哇麻山前洪积扇，沿 F2-2 断续展布，最东到黄河南岸附近逐渐消失。目日哇麻—索合勤地表破裂带各类断错现象明显，沿断裂带发育有大量水平断错水系、线性断层陡坎和鼓包，在破裂带中断层泉普遍发育。

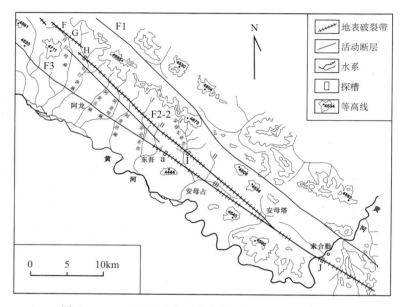

图 4.10-12　目日哇麻—索合勤段（F2-2）几何展布

在目日哇麻北部的考察点 G，断裂沿山前经过，多次断错山脊后形成垭口地貌。该垭口保留有多期断层陡坎（图 4.10-13a），形成搓衣板地貌。在该点垭口以南约 350m，断层将发育在坡间的冲沟左旋错动 7.6m，为最新一次地震活动的最大水平位移（图 4.10-13b）。在目日休麻盆地内考察点 H 附近，西侧山脊发生明显的左旋错动（图 4.10-13c）。利用差分 GPS 测量得到山脊左旋位移量为 126m，应为多次地震活动的累积位移。考察点 H 南侧冲沟一级阶地上开挖探槽，剖面显示断层走向 300°，倾向 SW，倾角 40°。断层从下而上错动砾石层至冲洪积层，错距约 15cm。剖面揭示断层倾角相对较缓，砾石沿断层弯曲、定向排列，显示出明显的逆冲拖曳性质（图 4.10-14），应为 F2 断裂的次级断层面。

层①表土层：深棕色根腐土，厚约 15cm。

层②冲洪积层，砾石大小混杂，含泥，厚约 17cm。

层③土黄色粗砂层：含砾石约占 20%，厚约 80cm。

层④粗砾石层：砾径 8~10cm，分选、磨圆差，期间有粗砂充填，约占 40%，未见底。

在层①、④两层取光释光（OSL）样品，测年结果分别为 0.96±0.08 和 14.53±0.38ka。表明断层最新一次活动至今约 1000a，为全新世晚期活动。

在安母占以北的考察点 I 附近，安母长亚生冲沟累计错动约 310m，其两条北东向支流分

图 4.10 - 13　目目哇麻—索合勤地震地表破裂

箭头指示地震破裂位置或断层运动方向

（a）考察点 G 附近多期断层陡坎；（b）坡间冲沟错动；（c）考察点 H 附近山脊扭错

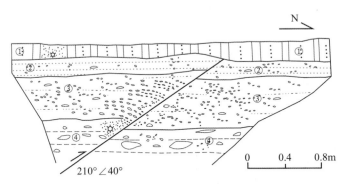

图 4.10 - 14　目目休麻冲沟一级阶地探槽剖面

①表土层；②冲洪积层；③土黄色粗砂层；④粗砾石层；

✿光释光（OSL）样品采样

别左旋错动 68 和 60m，安母长亚生冲沟仅有的一级阶地上保留有高约 2.3m 的断层陡坎。断裂运动以走滑为主，兼有逆冲分量。一级阶地高约 3~4m，阶地上冲沟切割较深，重力坍塌很普遍，可能是该区域高阶地不发育，仅有的一级阶地由于遭受侵蚀、风化等作用，很难保存最新的水平位移量。在冲沟阶地上开挖探槽揭示，断层走向 310°，倾向 NE 向，倾角 80°左右（图 4.10 - 15）。阶地中部透镜体中取光释光（OSL）样品，测年结果为 9.20±0.48ka。

在黄河南岸的考察点 J 附近，黄河一级阶地上保留有一定数量的鼓包，呈雁列式分布，其长轴与断裂走向成一定的锐角相交，长短轴比为 1.8 左右，高度在 1~2m。鼓包内阶地砾石层发生明显弯曲，应为古地震事件所致。

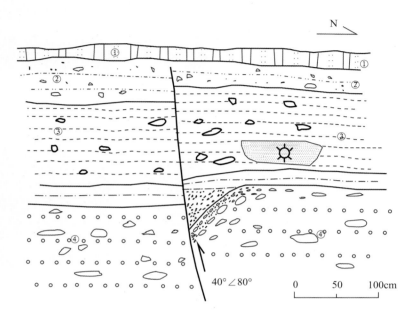

图 4.10-15　安母长亚生冲沟阶地剖面
①表土层；②冲洪积层；③粗砾石层；④粗砂夹片状砾石层；
✿光释光（OSL）样品采样（细砂透镜体）

在目日哇麻—索合勤段（F2-2），最明显的断裂活动特征即为各类冲沟水系的水平错动。野外调查发现有大量中小级别的冲沟被左旋水平断错，位移量从几米到几十米不等，最新一次地震活动的位移量分布在 2.1~7.6m。此外，断裂带通过处的多条黄河支流均被同步左旋错动，位错量在 300~850m（图 4.10-16），应为断裂长期活动累计的水平位移，显示出断裂活动具有强烈的左旋走滑特征。对断裂带内保留的各类水平位移进行测量和统计表明，冲沟错动的位移量具有连续分布的特征，说明不同地质时期形成的冲沟较好地记录了断层的活动信息，段裂自晚第四纪以来有过强烈而持续的活动。

3. 结果与讨论

（1）通过现有资料分析认为，巴颜喀拉块体内部的玛多—甘德断裂晚第四纪以来可能有过强烈的活动并至今活跃。玛多—甘德断裂甘德段晚第四活动特征明显，断裂沿线分布有大量水平断错的冲沟水系和山脊扭错等现象，左旋水平位移量从几米到几百米不等，不同量级的位移量连续分布，记录了断层活动的历史。目日哇麻至安北东吾 6 条大沟被同步错动，累计位移量较大，断裂活动显示出强烈的左旋走滑运动特征。

（2）在考察点 a 附近，探槽剖面揭示断层错断山前厚约 3.5m 的冲洪积物，断层走向 320°，倾向 SW，倾角 60° 左右。在该点附近的冲沟二级阶地上取光释光（OSL）样品，测年

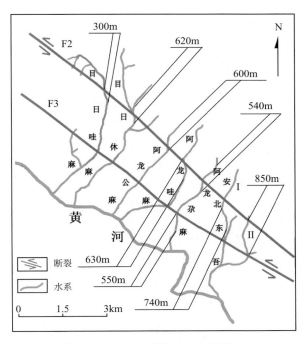

图 4.10 - 16 一系列水系左旋错动

结果为 86.10±12.97ka。F3 断裂分别错动安北东吾 II 号冲沟和阿龙尕麻冲沟的位移量为 850 和 550m。根据区域地貌对比认为，冲沟形成时代应为晚更新世早、中期，二级阶地为冲沟发育的最老阶地，若以二级阶地的年龄作为冲沟形成年代的下限，可估算出 F3 断裂晚更新世以来的平均水平滑动速率不超过 8.13±0.15mm/a。F2 断裂分别错动目日哇麻至安北东吾 6 条大冲沟，取平均位错量 571m，由于区域内同等规模的冲沟形成时代大致相同，取这些冲沟的形成年代下限为 86.10±12.97ka，可得到 F2 断裂晚更新世以来的平均水平滑动速率不超过 6.63±0.15mm/a。

（3）1947 年达日 7¾ 级地震是 2001 年昆仑山口西 M_S8.1 地震发生之前青海地区最大的一次地震。戴华光（1983）认为达日地震的发生是位于达日南部地区日查—克授滩断裂和一系列北西向断裂带最新活动的结果，玛多—甘德断裂则是区域内最大的一条北西向断裂。甘德段上保留的地震地表破裂带长约 50km，通过各种地貌现象的调查与分析认为，该破裂带是一条较新的地表破裂。最新一次地震活动的最大左旋水平位移 7.6m，最大垂直位移 4m。各种研究表明，并非所有地震都能产生地表破裂带。通过野外调查的结果并根据地震地表破裂参数与震级的统计关系，计算得到在该破裂带上发生的地震震级约为 7.7 级左右，与发生在附近的 1947 年达日 7¾ 级地震相当，不排除达日地震直接或者间接（触发）产生了该破裂带。

4.11　玉树—甘孜断裂带

4.11.1　断裂概述

　　玉树—甘孜断裂为青藏高原中东部羌塘地块与巴颜喀拉山地块之间的边界断裂，组成了鲜水河断裂系的西部。西起青海省治多县那王草曲塘，经当江、玉树、邓柯、玛尼干戈，至四川甘孜县城南与鲜水河断裂左阶斜列，构成青藏高原内部的一条大型走滑断裂带，全长≥500km，整体呈 NW 向展布，仅在当江附近走向 NWW，倾向 WS 为主，倾角 70°~85°。根据前人的研究结果，玉树—甘孜断裂自东向西可划分为五段（周荣军等，1996；闻学泽等，2003；彭华等，2006；陈立春等，2010）（图 4.11 - 1），即甘孜段（长 65km）、马尼干戈段（长 180km）、邓柯段（长 90km）、玉树段（长 100km）、当江段（100km）。当江段和玉树段全新世左旋滑动速率约为 7.3±0.6mm/a（周荣军等，1996）；邓柯段、玛尼干戈段和甘孜段全新世左旋滑动速率约为 12±2mm/a（闻学泽等，2003；徐锡伟等，2003）。历史上当江段 1738 年曾发生 7½级地震，最大同震左旋位移约 5m，地震地表破裂带长约 50km（周荣军等，1997）；邓柯段 1896 年曾发生 7½级地震，最大同震左旋位移约 5m，地震地表破裂带长约 50km（周荣军等，1997；闻学泽等，2003）；

　　玛尼干戈段公元 1320±65 年曾发生 8.0 级地震，最大同震左旋位移约 9m，地震地表破裂带长约 180km（闻学泽等，2003）；甘孜段 1854 年曾发生 7.0 级地震，最大同震左旋位移约 5.3m，地震地表破裂带长约 65km（闻学泽等，2003）；玉树段 2010 年发生 M_S7.1 地震，最大同震左旋位移约 2.4m，地震地表破裂带长约 65km（孙鑫喆等，2012）。

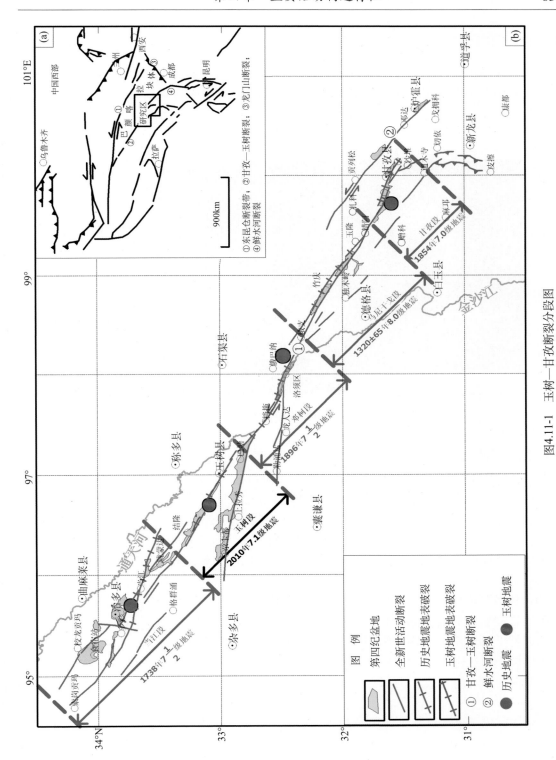

图4.11-1 玉树—甘孜断裂分段图

(a) 中国西部活动构造框图；(b) 玉树—甘孜断裂破裂分段图

4.11.2　玉树段两个地点的古地震遗迹

在对玉树地震地表破裂的两个次级破裂段结隆地表破裂段和结古地表破裂段野外考察的基础上，每段分别选取典型地点进行了探槽开挖，探槽揭露存在古地震遗迹。探槽位置见图4.11-2。

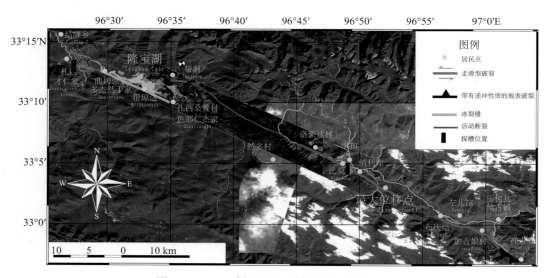

图4.11-2　玉树地震地表破裂及探槽位置图

1. 结古探槽剖面

在甘达村附近，玉树地震地表破裂以300°最为明显。位错河床、阶地、道路等，形成连续延伸的断层陡坎并伴随左旋位移。其陡坎高度分布特征显示，在扎曲河右岸及其支流的Ⅰ、Ⅱ级阶地上，山前（坡）洪积物上展布的断层陡坎高度普遍呈倍数高于Ⅰ、Ⅱ级阶地的陡坎高度，这显示可能存在古地震遗迹，在扎曲河右岸果庆益荣松多山前（坡）洪积物上玉树地震造成小路上一束窄叶鲜卑花位错成两束，同震左旋位移约2.4m，形成了此次玉树地震最大的同震位错量（图4.11-3）；对比莫隆附近扎曲河一级支流的地貌面进行了航片解译和利用差分GPS进行了高精度的微地貌测量（图4.11-4），得到扎曲河一级支流的二级阶地位错量为75.5±5m，我们在该地貌面上采集了释光样品，年代样品正在测试中。在该处进行了探槽开挖，揭露处的现象证实了古地震现象的存在。

探槽位于甘达村南一带的NNW向的地表破裂上（N33°5′3.8″，E96°48′13.1″），地貌上靠近扎曲河右岸山前（坡）洪积物形成的断层坳槽上，此次地震地表破裂形成的垂直位移约为0.2m。

探槽揭露出7个地层单元（图4.11-5），从下往上分别为：

层①土黄色含砾黄土，砾石角砾状，大小混杂。靠近断层带砾石定向排列。层内发育多处粉细砂透镜体，在接近断层处透镜体褶曲变形。断层两盘层①的位差约1.5m。

图 4.11 - 3 玉树地震最大同震位错

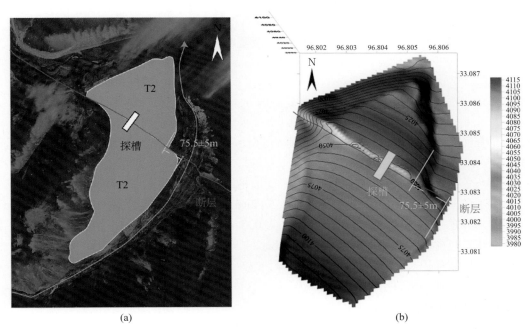

图 4.11 - 4 断层断错扎曲河一级支流的二级阶地地貌图

(a) 航片解译图；(b) 差分 GPS 实测图

图 4.11 - 5　结古探槽剖面

1. 黄土；2. 黑色淤泥土；3. 灰色淤泥土；4. 灰色土；5. 深黑色土；
6. 含砾土；7. 表层草甸土；8. 断层；9. 释光采样位置；10. ^{14}C采样位

　　层②灰黑色淤泥状土，偶含砾石，砾石直径多为 2~5cm。顺断层挠曲变形，变形量约 1.1m。

　　层③灰色淤泥质土。沿断层挠曲变形，变形量约 1.1m。

　　层④灰色土，含砾石，砾石直径多为 0.5~2cm。靠近断层处明显抬升。

　　层⑤深黑色土，偶含砾石，砾石直径多为 0.5~1cm。

　　层⑥浅灰色含砾土，砾石直径多为 1~2cm。

　　层⑦表层草甸土。

　　剖面揭露的地震事件分析：

　　玉树地震在探槽旁的垂直位移量约为 0.2m，而探槽揭露的层①在断层两盘的位差为 1.5m，层②挠曲变形位错约 0.9m，累积位移显示有 3 次事件的可能。

　　该剖面揭示在 2010 年玉树地震之前曾发生两次事件。第一次事件，断层断错地层①，使地层①向北逆冲，造成顺断层砾石定向排列，并在地表形成断层陡坎，坎高 0.4m，并形成第一次事件，第一次事件之后，在断层陡坎前堆积了断塞塘沉积层②、层③、层④、层

⑤；第二次事件，沿先前形成的断层破碎带继续发育，使先前形成的沉积层②、层③、层④、层⑤褶皱变形；层②、层③强烈挠曲变形向上逆冲于层④、层⑤之上，变形量约 0.9m，并形成了第二次事件，第二次事件之后沉积了层⑥、层⑦。第三次事件是 2010 年玉树地震，基本上沿老的断层带继续破裂，断错层⑦至地表，断距约 0.2m。

上述证据显示存在包括玉树 M_S7.1 地震事件在内的 3 次事件。第一次事件发生在（样品 GD2-7 之后 GD2-C1/C2）之前；第二次事件发生在（GD2-C3 之后 GD2-11）之前；第三次事件则为玉树 M_S7.1 地震。

2. 结隆探槽剖面

结隆探槽剖面位于隆宝盆地内，隆宝盆地是玉树—甘孜断裂玉树段左行左阶拉分形成的，结隆次级地表破裂带位于隆宝湖西南侧和结隆乡南侧，整体走向 290°，以雁行斜列的 NE 向张性破裂为主，在隆宝湖西南角次级断裂沿先存的左行右阶斜列的鼓包和左行左阶斜列的拉分陷落坑发育，揭示了该处断层的多期活动特征。结隆探槽开挖于主断层陡坎前缘（图 4.11-6），此次地震在开挖探槽处造成地表约 0.2m 左右的位错。

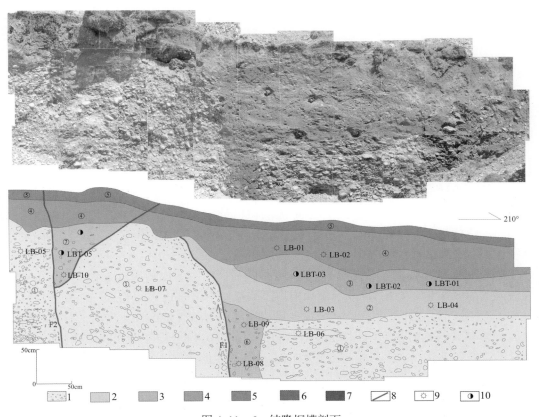

图 4.11-6　结隆探槽剖面

1. 砾石层；2. 粉土；3. 淤泥质土；4. 黄土；5. 草甸土；6. 构造楔；
7. 充填楔；8. 断层；9. 释光采样位置；10. ^{14}C 采样位置

探槽揭露的地层如下：

层①灰白色砾石层，磨圆度中等，分选性好，砾石直径多为 3~5cm。靠近断层 F1 处砾石沿断层定向排列。该层断层上线两盘累积位错 1.17m。

层②土黄色粉土，含砾石，砾石直径多为 1~3cm，靠近断层 F1 处挠曲变形。

层③灰色淤泥质土。

层④灰黑色黄土。

层⑤表层草甸土。

层⑥构造楔，土黄色黄土为主，混杂有砾石，砾石直径多为 3~5cm。

层⑦充填楔，以砾石为主，黄土充填，砾石直径多为 1~6cm，顺断层 F2 砾石定向排列。

剖面揭露的地震事件分析：

玉树地震在探槽旁的垂直位移量约为 0.2m，而探槽揭露的层①在断层两盘的位差为 1.17m，累积位移显示有 2 次事件的可能。因此认为在 2010 年玉树地震之前曾发生至少一次事件。第一次事件，F1 断错地层①，使地层①向北逆冲，沿断层形成构造楔⑥，并在地表形成断层陡坎，陡坎高度约 0.97m；同时，在 F1 断层北侧沿 F2 断层产生张裂，形成充填楔⑦。第一次事件之后，在断层陡坎前堆积了断塞塘沉积层②、层③；之后继续堆积层④、层⑤并将第一次事件形成的充填楔⑦覆盖；2010 年玉树地震沿断层 F2 重新破裂，使层④、层⑤褶皱变形，在地表形成高约 0.2m 的陡坎。

上述证据显示存在包括玉树玉树 $M_S7.1$ 地震事件在内的 2 次事件，第一次事件发生在（样品 LB-06、07、08）之后（LB-02、03 或 LBT-04、05、LB-10）之前；第二次事件为 2010 年玉树 $M_S7.1$ 地震。

4.11.3　讨论与结论

玉树—甘孜断裂在此次地震中在玉树段产生了长约 65km 的地表破裂带。断层长期活动造成扎曲河一级支流 II 级阶地形成 75.5±5m 的位错量；在扎曲河右岸果庆益荣松多山前形成最大同震位错量 2.4m。在两个次级破裂带上分别开挖的探槽揭示 $M_S7.1$ 地震事件之前结古存在 2 次古地震事件，结隆存在 1 次古地震事件。

玉树地震地表的垂直位错在禅古寺附近约 0.5m，在两个探槽揭露处约 0.2m 左右，隆宝探槽揭露的事件 II 位差 0.9m 和结隆探槽揭露的事件 I 位差 0.97m 是玉树地震平均位错的 2 倍多，这两次事件发生的年代大概一致，显示在玉树 $M_S7.1$ 地震发生之前，存在一次比该次地震规模较大的地震；隆宝探槽揭露的事件 I 位差 0.4m 与玉树地震形成的位差大概相当，显示该断裂上存在一次规模与玉树 $M_S7.1$ 地震相当的地震。

由于测年样品正在测试中，虽然目前我们还不能得出明确的古地震事件年龄及断裂的滑动速率与古地震复发周期；但是根据野外地貌面调查与探槽断错地层层位分析，我们可以得出玉树—甘孜断裂玉树段在 2010 年 7.1 级地震之前至少存在 2 次古地震事件，玉树段是一强烈活动的全新世活动段。

4.12　宗务隆山断裂

4.12.1　断裂概述

青藏高原东北缘地区是由北东东向左旋走滑的阿尔金断裂带、北北西向的祁连山—海原断裂带和近东西向左旋走滑的东昆仑断裂带三条巨型左旋走滑断裂所围限的一个相对独立的活动地壳块体，称为柴达木—祁连活动地块（图4.12–1）。由于高原整体不断隆升和向北东侧向挤压，在块体内部形成了一些性质不同、规模不等的晚第四纪活动断裂带（袁道阳等，2004），如大柴旦—宗务隆山断裂带、柴北缘断裂带和鄂拉山断裂带等。对柴北缘断裂带和鄂拉山断裂带的活动性已有大量研究（袁道阳等，2004），由于大柴旦—宗务隆山断裂带由多条次级断裂组成，前人对巴音河断裂段（F2-3）已有研究（刘小龙等，2004），其他断裂段研究程度较低。

本课题基于大柴旦6.3级地震及其邻近区域近几十年来的地震活动及对祁连地震带南边界断裂——大柴旦—宗务隆山南缘断裂带（F2-2断裂段）的活动性等方面做了分析研究，结合前人的研究成果，试图探讨大柴旦6.3级地震的孕育与青藏块体内部地震活动的关系。

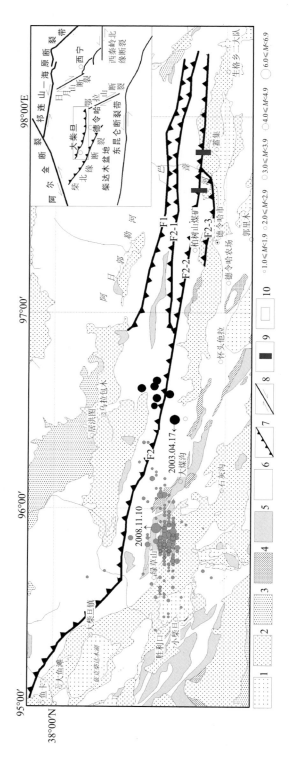

图4.12-1 大柴旦—宗务隆山南缘断裂地震构造图

1 全新统；2 上更新统；3 中更新统；4 下更新统；5 第三系；6 基岩区；7 逆断层；8 走滑断层；9 剖面位置；10 研究区

F1. 宗务隆山北缘断裂；F2. 大柴旦—宗务隆山南缘断裂带

灰色圈表示2008年宗务隆山6.3级地震及其余震；黑色圈表示历史地震(据Harvard)

4.12.2　构造特征

　　大柴旦—宗务隆山断裂带为祁连地震带的南边界断裂，祁连—海原断裂带是青藏高原东北缘的大型走滑断裂，该地震带历史上发育7次7级以上地震。大柴旦—宗务隆山断裂带由多条次级断裂组成，是夹持在西侧 NE 向的阿尔金大型走滑断裂与东侧 NNW 向的鄂拉山右旋走滑断裂带之间构造转换的过渡断裂（刘小龙等，2004）。该断裂带东起大柴旦北缘，经泽令沟农场、道勒根木、铅矿、过巴音河，向西经红山煤矿、库克浩尔格到夏尔恰达，长300km。该断裂带东段由3条次级断裂段组成（图4.12-2），第四纪时期经历了多次逆冲活动。早期的断层（F2-1 段）活动发育在基岩里，该期地表断裂被中更新世堆积物覆盖，并被抬升为山前台地（冲沟Ⅲ、Ⅳ级阶地），未发现断层晚第四纪活动的迹象；第二期断层（F2-2 段）活动断错山前台地，造成Ⅱ级阶地断错；最新一期断层（F2-3 段）活动造成山前洪积扇断错，并在山前形成一系列陡坎，该段晚更新世—全新世活动显著，晚更新世以来的平均垂直滑动速率为 0.41±0.27mm/a（刘小龙等，2004）。本文对巴音河段（F2-2）的活动性做了初步的野外调查，并获取了热释光年龄样品。

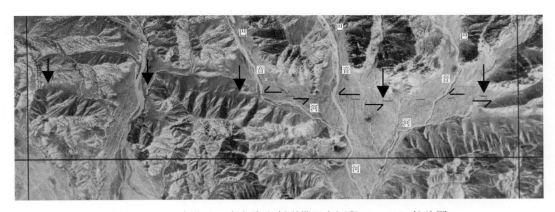

图4.12-2　大柴旦—宗务隆山断裂带巴音河段（F2-2）航片图

　　该段断裂在巴音河两侧影像特征较清晰，线性构造明显，并造成巴音河支流左旋扭动（图4.12-2）。野外调查发现宗务隆山山前的巴音河东岸有三组断层带发育在该河Ⅱ级冲洪积砾石层阶地⑤中（图4.12-3，剖面位置见图4.12-1），断层走向90°，倾向西北，倾角56°；断层上覆冲洪积砾石层②未被断错。在Ⅱ级阶地采集年代样品 DLH-4，测年结果 34.15±2.91ka。断层带内发育黄土透镜体④，该透镜体节理发育。Ⅱ级阶地逆冲在冲沟粉细砂层之上，在粉细砂层内部采集年代样品 DLH-6，热释光测年结果为 10.20±0.87ka，说明该断层在晚更新世晚期有过活动。

　　在野马滩一带，断层发育在二叠系与三叠系地层之间，断层带宽 50～100m，形成断层谷（图4.12-4）。在二叠系地层构成的断层破碎带中，可见多条断层滑动面。如图4.12-5为其中一条发育较好的断层滑动带。发育厚 3～5cm 固结断层泥及宽约 3m 的构造透镜体带。断层面走向90°北倾，倾角65°，在滑动面南6m处发育三条基岩逆冲断层。断层上覆20m

厚的阶地堆积物①。该级阶地跨越宽 50~1100m 的断层破碎带，连续堆积，未见阶地断错现象。由于冲沟切割出的阶地中为冲洪积砾石层，无细粒物质，未采集到年代样品。在该冲沟以东，冲沟切割同一级地貌面，出露粉细砂层，采集年代样品 DLH-1，热释光测年结果为 10.52±0.89ka。说明该断层在全新世以来没有活动。

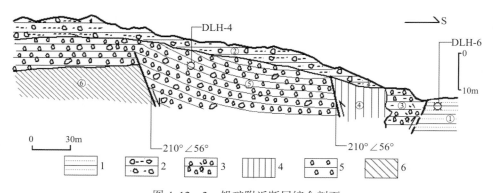

图 4.12 - 3　铅矿附近断层综合剖面

1. 粉细砂层（断塞塘）；2. 冲洪积砂砾层；3. 新冲洪积砂砾层；
4. 粉细砂土；5. 冲洪积砾石层；6. 基岩

图 4.12 - 4　野马滩断层谷地图示

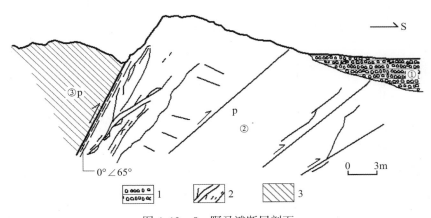

图 4.12 - 5　野马滩断层剖面

1. 中更新世砾石层；2. 断层破碎带；3. 二叠系板岩

4.12.3　2008 年大柴旦 6.3 级地震特征

1. 发震背景概述

中国大致可分为西部、华北和东南 3 个强震活动区，其中西部的青藏高原及其周缘的强震活动占中国强震活动的 80 % 以上（高孟潭等，2008）。2008 年 5 月 12 日汶川 8.0 级地震是青藏高原巴颜喀拉块体向东运动并与四川盆地相互长期作用的结果，该次强震拉开了青藏高原地震活动期新的序幕，2008 年 6~10 月期间连续在唐古拉地区发生 9 次 5 以上级地震，2008 年 10 月 6 日在西藏当雄的 6.6 级地震及多次 5 级以上地震，2008 年 11 月 10 日在青海大柴旦地区的 6.3 级地震和 1 次 5.1 级余震。该次地震发生在大柴旦—宗务隆山南缘断裂带上，该断裂带由多条次级断裂组成，断裂带长 300km，在该断裂带及其周缘发生过 2 次 6 级以上地震及多次中强地震（图 4.12 - 6），这些地震均发生在该断裂带的中西部，其中 2003 年以前地震主要发育在断裂带的北盘；2008 年 11 月 10 日大柴旦地区 6.3 级地震主要发育在断裂的南盘。地震的空间分布特征说明大柴旦—宗务隆山断裂带新的活动可能向南迁移。

2. 震源特点

2008 年 11 月 10 日在青海大柴旦地区发生 6.3 级地震，打破了青海省内 55 个月的 6 级地震平静，根据国家台网中心和 USGS 等研究机构给出的地震参数，分析认为此次地震的震源深度为 10km 左右，面波振幅比较大，对地表的建筑有一定的破坏，但地表破裂不明显。根据发震断裂及小震分布认为，地震的破裂面应为北西西向，根据 USGS 及 Harvard 给出地震参数，此次研究获得了该地震及其发震断裂周围 M_W4.8 以上历史地震的震源机制解，根据震源机制解分析认为，该区域的地震震源机制解的性质主要为逆冲兼走滑性质，这与野外调查断层的性质基本一致。由震源机制解的数据可知，此次地震 P 轴的仰角为 25°，方位角为 192°，T 轴仰角为 59°，方位角为 46°，表明了该区域受力以北北东向为主。这与邻近地区震源机制解反应的情况基本一致（图 4.12 - 6）。

该地震发生后，截至 11 月 22 日，在震源附近共发生余震 2054 次，其中 3.0~3.9 级余

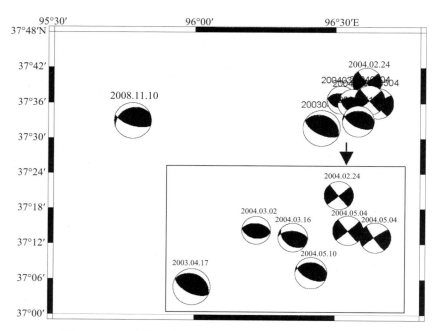

图 4.12 - 6　大柴旦地区 6.3 级地震及其周缘震源机制解图

震 12 次，4.0~4.9 级余震 4 次，5.1 级地震 1 次。折合能量约为 $4.2×10^{14}$ J，余震区面积 240km²，余震带长度约 80km，平均宽度 25km，表明了青藏块体在汶川 8.0 级地震之后，在一些中型地震断层上将会有新一轮的应力调整。

4.12.4　讨论与结论

综合该断裂的断层剖面及野外调查认为，该断裂带第四纪时期经历了多次逆冲活动。断层活动不断向山前迁移，形成多条断裂。早期的断层活动发育在基岩里，该期地表断裂被中更新世堆积物覆盖，并被抬升为山前台地（冲沟 Ⅲ、Ⅳ 级阶地），未发现断层晚第四纪活动的迹象；第二期断层活动断错山前台地，造成 Ⅱ 级阶地断错和巴音河的左旋扭动；最新一期断层活动造成山前洪积扇断错，并在山前形成一系列陡坎。根据断层相关地层测年结果，断层断错 Ⅱ 级阶地，Ⅱ 级阶地测年结果为 34.15±2.91ka。断层逆冲在冲沟粉细砂层之上，该粉细砂层测年结果为 10.20±0.87ka。结合前人的研究成果，认为该断裂带部分段在晚更新世晚期—全新世早期活动。2003 年 4 月 17 日 6.6 级地震及较早地震主要发育在断裂带的北盘；2008 年 11 月 10 日大柴旦地区 6.3 级地震主要发育在断裂的南盘。地震的分布特征说明大柴旦—宗务隆山断裂带新的活动可能向南迁移，这与野外调查结果断层活动不断向山前迁移相一致。

2003 年以来，大柴旦—宗务隆山断裂带周缘发生过 2 次 6 级以上地震，1 次为汶川地震前 2003 年 4 月 17 日青海德令哈 6.6 级地震，1 次为 2008 年 11 月 10 日大柴旦 6.3 级地震，两次强震的震源机制解均以逆断层性质为主，主压应力轴均为北北东向，表明了两次地震外围的应力状况未发生明显改变，也就是说在该区域的主压应力场方向仍是以北北东向为主。

分析认为，2003 年 4 月 17 日青海德令哈 6.6 级地震是 2001 年昆仑山口西 8.1 级地震的应力调整，也可能是汶川 8.0 级地震的前震响应，而 2008 年 11 月 10 日大柴旦 6.3 级地震应为汶川 8.0 级地震在祁连地震带的一个调整过程，可能这种中强以上地震的调整过程还会在青藏块体内部持续。2001 年在青藏块体腹地发生昆仑山口西 8.1 级地震后，2008 年 5 月 12 日在青藏块体东缘发生汶川 8.0 级地震，随后 2008 年 6~10 月期间连续在青藏块体南部唐古拉地区发生 9 次 5 级以上地震，2008 年 10 月 6 日在西藏当雄发生 6.6 级地震及多次 5 级以上地震，2008 年 11 月 10 日在青海大柴旦地区发生 6.3 级地震和 1 次 5.1 级余震。上述地震活动的时空特征表明在青藏块体内部中强地震活动有顺时针螺旋迁移的特征（图 4.12 - 7a），这一活动特征与 GPS 观测的青藏块体内部应力顺时针调整相一致（图 4.12 - 7b）（姚宜斌，2008；崔笃信等，2008；张希等，2008）。同时 GPS 速度矢量由南向北变小的事实表明本区还经历着北东向的挤压和地壳缩短（袁道阳等，2004）。这一特征可能是在印度板块向北东方向的推挤作用下，青藏高原东北缘地区柴达木—祁连活动地块主边界断裂发生左旋，其构造变形表现为由西向东方向的顺时针旋转，代表了青藏块体内部地震孕育的一种新规律，基于对这种规律的认识和祁连地震带的大震构造孕育条件，祁连地震带东南部地区应倍受关注。

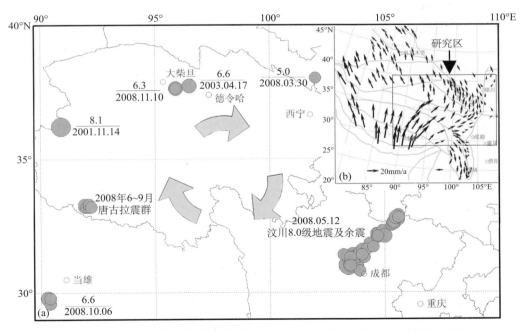

图 4.12 - 7 2001 年以来青藏块体腹地 $M_S \geq 5.0$ 级地震时序空间分布图（a）
及 GPS 应力场分布图（b）

4.13　东昆仑断裂带

　　东昆仑活动断裂带首先以它新生代尤其是第四纪以来的强烈活动性而引起地学界所瞩目，在区域现代地球动力学中占有重要地位。同时，它又是一条长期发展的区域深、大断裂带，在大地构造演化中具有重要的作用。由于它处于青藏高原中部、为青藏高原中主要断裂带之一，因而它与青藏高原隆起的关系及其作用，又必然成为青藏隆起研究中的重要课题。

　　东昆仑活动断裂带第四纪以来具有很强的活动性。这条断裂的构造运动是以粘滑方式活动、水平运动幅度大、长期保持单侧左旋走滑运动等为特征的。2001 年昆仑山口西 M_S8.1 地震地表破裂为我们认识该断裂的古破裂行为及其活动表现提供了极好的缩影。

4.13.1　水平走滑为主兼有逆冲性质

　　东昆仑活动断裂带第四纪以来具有明显的走滑特征，逆冲分量很少，可以从下列几个方面来说明。

1. 震源机制

　　据昆仑山口西 8.1 级地震综合科学考察报告，此次地震的最佳双力偶如图 4.13 - 1 所示，节面 I 的走向、倾角和滑动角分别为 290°/85°/-10°，节面 II 的走向、倾角和滑动角分别为 21°/80°/-175°。通过矩张量反演得到的标量地震矩 $M_0 = 3.2 \times 10^2$N·m，矩震级 M_W = 7.6 级。根据震后的宏观考察、余震分布和昆仑山断裂带的空间展布，可以确定这次地震的发震断层为走向 290°/倾角 85°/滑动角-10° 的断层。换句话说，昆仑山口西地震发生在近东西走向、几乎直立的断层上的左旋运动，南盘相对于北盘向东运动。

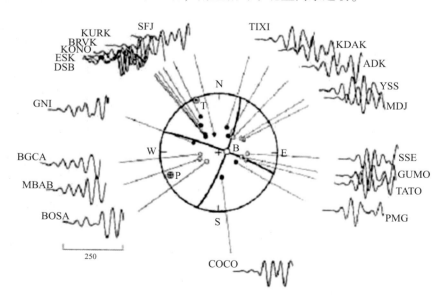

图 4.13 - 1　从全球数字地震台网记录的资料中选取的长周期垂直分量的 P 波位移记录、相关台站分布和由这些资料通过矩张量反演确定的昆仑山口地震的震源机制解

2. 断层破裂带上剖面特征

由于地震地表破裂带发育在平均海拔 4600m 以上的高寒冻土区，破裂自由面大多保存得较好，在一些剪切或压扭破裂面上往往保存了大量的擦痕。如布喀达坂峰东 18km 处和红水河口及其以西 7km 处基岩破裂面上的擦痕都向西侧伏（如图 4.13－2、图 4.13－3），侧伏角介于 12°~17°，擦痕方向佐证了该地震地表破裂是以水平走滑运动为主形成的。

图 4.13－2　红水河口西 7km 处基岩破裂面上的擦痕都向西侧伏

图 4.13－3　红水河口南保留在土层上的擦痕

NW—NWW 方向的地震鼓梁（或鼓包）标志着所在区段为压扭性质，而现在张开的 NE—NEE 方向的张剪性地震裂缝或断坎上能够保留擦痕，表明破裂瞬间是存在压性的。综合考虑这一现象和近水平擦痕、水平扭错量等因素认为，除布喀达坂峰东南侧以外，破裂带主体的错动方式是以左旋走滑为主兼具挤压性质。

3. 地物水平位错标志

此次地震形成的主破裂切割过的所有地质体都产生了不同程度的左旋水平扭错。而与破裂带交切的河床、冲沟、纹沟、阶地坎、山坡脊、冰河、冰体、路基、路面、人工护堤、植被、石垄等的位错是反映本次地震同震位移量的良好标志（图4.13-4）。

图4.13-4　各种地质、地貌体左旋位错实景照片图

4.13.2　粘滑错动为主、伴随大震而运动

粘滑错动是沿断层面两侧岩块突然发生剧烈的快速位移。断裂在突然错动时产生应力激发弹性波，产生应力降，突然错动的结果就导致了地震的发生。蠕滑错动是断层两盘岩块相对缓慢的平稳滑动，没有显著应力降，一般发生在断层的某一段落，运动速度极慢，不易被人觉察。世界上一些著名的大地震（如宁夏海原、甘肃古浪、新疆富蕴等）由于粘滑运动，均在地表产生了地震断层，并使两盘发生了水平位错。

2001 年昆仑山口西 8.1 级地震是东昆仑活动断裂带最新活动的表现，这次地震的断裂带明显地受东昆仑活动断裂带控制，在空间展布、活动方式、位移变化和断层类型等方面，两者皆有明显的制约关系。沿地震断裂带发现的大量古地震遗迹，也反映了东昆仑活动断裂带全新世以来经历了多次地震活动。东昆仑断裂带上屡次发生大地震的事实，最直接地提供了断裂以粘滑方式活动的证据。

昆仑山口西地震破裂带上同一地点地形、地物等标志的位移现象，也间接地说明东昆仑活动断裂带是以粘滑方式运动的。现今沿东昆仑活动断裂带所观测到的位移量，往往是东昆仑活动断裂带多次断错位移量的叠加，甚至新、老断面上所观测到的位移值有成倍增长的现象。例如在红石沟（93.6°E 附近）西大滩断裂宏观上表现为断层浅谷，反向地貌。由数条断坎（南倾）组成，这些断坎左旋断错一近 SN 向现代废弃古河道（沟床）。最大位移为 $36\pm2m$。可分出 4.5 ± 0.5、10 ± 1、18 ± 1 和 $36\pm2m$ 四组位错（图 4.13-5）。若以 4.5m 作为每次地震事件的特征走滑位移量，则西大滩断裂在此至少曾发生过 8 次同等规模的地震。我们在最老废弃古河道河床堆积内取释光样品 KL18（图 4.13-5），其测年结果为 $8.20\pm0.60ka$，这可能表明该段的古地震复发周期约为 1000a，平均滑动速率约为 4~5mm/a。再如任金卫等在昆仑山口北东约 4km 处对连续分布的 5 条冲沟位移进行了测量，它们分别为 260、250~300、200~250、100 和 43m。冲沟的规模与位移量成正比。这种同一地点出现的位移量的分布显然与缓慢蠕动所造成的位移量呈某种序列的较连续变化不同，而应是东昆仑活动断裂带长期以来在不同阶段发生多次断错累积的结果。

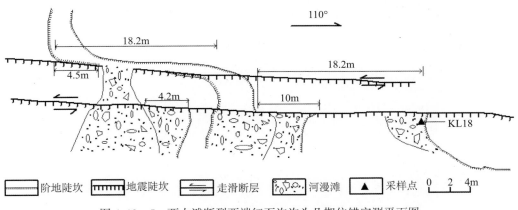

图 4.13-5　西大滩断裂西端红石沟沟头几期位错实测平面图

考察发现，跨昆仑山口断裂的大大小小冲沟均发生左旋位错，有的左旋位错量达上百米，显然这不是蠕滑作用所能造成的，而是断裂几期突然错动（粘滑）累积的结果，当然每次错动后可能有较长时间的蠕滑过程，但这不能成为上百米位错的主导因素。昆仑山口西8.1级地震破裂带上可见明显的水平擦痕，这显然是断裂快速错动的结果，所以昆仑山口断裂的错动主要以粘滑为主。

4.13.3　继承性与新生性

1. 继承性

最新破裂带所展布的条带状地面上，大都保留着较完整的古地震形变带遗迹，如老地震鼓梁（包）、老地震塌陷、老地震陡坎、老断塞塘、老的水系位错等微地貌。本次地震形成的新地表破裂是沿老地震形变带的再次破裂（图4.13－6至图4.13－8）。新形成了地震鼓梁（包）的叠加或被切割，地震塌陷区或断层槽再度扩大，原有地震陡坎面貌改变等现象。有趣的是此次地震形成的最新次级破裂也沿以前地震破裂形成的次级破裂发育，即使次级破裂距主破裂较远（几千米）也不例外。这种现象在红水河口两侧最为典型（图4.13－9）。这便是地震地表破裂的继承性，也即地震地表破裂行为具有记忆性。

2. 新生性

地震地表破裂带的新生性表现在多个方面，如布喀达坂峰东南侧塌陷区震前卫星影像上未见古地震形变带遗迹，此次地震在此形成了新破裂；再如老地震形变带不连续的闭锁段（如昆仑山口以西5~15km的一段）被此次地震贯通，成为基本连续的破裂面（图4.13－10）；又如在纵向上，新破裂面的产状并不与老断层面完全一致，在红水河口的剖面上，可见新破裂面斜切标志老断层产状的灰褐色断层泥带上的压劈理面等等。这些都是这个破裂带的新生性表现。

图4.13－6　巴拉大才曲现代河床新断陷塘在老断陷塘旁发育

图 4.13 - 7 红水河口东新破裂从老地震鼓包旁切割而过

图 4.13 - 8 新破裂发生时在老地震鼓包上生成新地震鼓包

图 4.13 - 9　红水河口东次级破裂也沿以前地震破裂形成的次级破裂发育

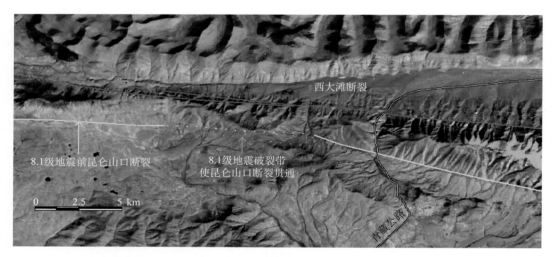

图 4.13 - 10　TM 影像上 8.1 级地震前后昆仑山口断裂展布图

4.13.4　第四纪以来东昆仑断裂活动的阶段性

　　早更新世末—中更新世纪初期,青藏公路六十二道班西,库赛湖活动断裂直接破坏中、下更新统冰水相堆积并形成宽达 35m 的挤压破碎带。中更新世末—晚更新世初期,库赛湖断裂直接破坏中更新统冰水堆积层,控制晚更新世堆积,该期断裂活动具有明显的左旋走滑特征。晚更新世中期,断裂活动破坏晚更新世初期及其更老堆积物,即破坏四级洪积扇或三级以上冲沟水系的构造遗迹,如断裂造成该带库赛湖西三级冲沟左旋位移 800m 左右,湖北冰峰西南山前三级冲沟左旋位移 200~700m。晚更新世末—全新世初期,断裂活动破坏三级洪积扇或四级冲沟水系的构造遗迹,此期运动仍以左旋走滑为主,其扭动量多在 100m 以内,垂直位移仅数米。如该断裂活动断错晚更新世洪积扇,造成库赛湖北四级冲沟左旋位移

200m 左右；巴拉大才曲四级冲沟左旋位移 150m 左右。全新世中期，断裂活动形成明显的地震断层、地震鼓包、地震陡坎、拗坑等断错地貌现象，并断错了早期地震形变形成的断塞塘堆积及较新一级的冲沟。该期断裂运动导致沿断裂带强震频繁发生，其水平位移量远远大于垂直位移量，证明以走滑运动为主。全新世晚期，此期断裂运动系指距今 2000~3000a 以来的构造运动，如河流一级阶地、河漫滩、现代洪积扇、六级水系遭破坏。此类构造变形沿断裂带随处可见，主要反映在古地震的频繁发生及其地震形变。总的来说，布喀达板峰—库赛湖—昆仑山口全新世活动断裂带从晚更新世中期至全新世初期以来为高速率走滑运动，其速率高达 13~14mm/a（表 4.13-1 布喀达板峰—库赛湖—昆仑山口断裂各活动阶段的位移和速率）。

表 4.13-1　东昆仑活动断裂不同构造期各段位移分布

构造活动期	位移地点	位移标志	水平位移		垂直位移（m）	位移均值/m		速率/（mm/a）	
			位移量（m）	运动方式		水平	垂直	水平	垂直
N_2 末~Qp_1 初	昆仑山南侧	二级夷平面			1100	1100			0.44
Qp_1 末~Q_2 初	昆仑山南侧	早更新统			逆冲				
Qp_3 中期	库赛湖西	三级河流	800±	左旋		62.5	20	12.5	0.4
		三级洪积扇			>20				
	湖北冰峰西南山前	三级河流	200~700	左旋					
Qp_3 末~Qh 初	库赛湖北	四级冲沟	200±	左旋		143		14.3	
	巴拉大才曲东	四级冲沟	150	左旋					
	昆仑山南侧	四级冲沟	80	左旋					

　　从上述运动阶段划分及运动方式可看出，库赛湖活动断裂带在早更新世及其以前的运动方式以挤压逆冲为主，形成多级夷平面被错断，出现一系列逆断层；而晚更新世中期及其以后，断裂运动表现为明显的左旋走滑特征，沿断裂带一系列拉分盆地的形成，水系及山脊的左旋位错，均反映断层南北两侧的地块沿断裂进行左旋滑动。

　　总之，东昆仑断裂带全新世活动非常强烈，沿带多处见有老地层逆冲于全新世地层之上。强烈地震造成的地震陡坎、鼓包、凹坑、鼓梁、地裂缝、沟槽、断塞塘、崩塌和小水系断错、低阶地被左旋扭错随处可见。古地震遗迹也十分广泛。多次大震的重复发生，形成了沿断裂展布长达数百千米十分壮观的地震形变带。能准确分出次数并可大致定出震中位置和有测年结果的 23 次古地震（库—玛断裂带上），均发生在该主干活动断裂上。古地震和现今大地震的活动表明，全新世以来断裂活动以左旋走滑为主。晚更新世以来断裂带的平均滑动速率虽各段有所差异，但都在 5mm/a 以上，有的到达 10mm/a 以上，而且晚全新世以来有明显增强趋势。

2001 年 11 月 14 日 M_S8.1 地震是该断裂最新活动的结果。

4.14　鄂拉山断裂带

4.14.1　断裂带的遥感影像特征和几何分段特征

　　鄂拉山断裂带北起青海省乌兰县以北的阿汗达来寺（其北端与 NWW 向的柴达木盆地北缘活动断裂系斜接），向南沿哇洪山、鄂拉山中央谷地通过，南端到温泉附近与昆中断裂带斜接，断裂总体走向 NW20°，全长约 207km。在遥感影像上，断层线性特征明显，经过处山前冲洪积扇体上发育明显的断层陡坎，初步判断有水系和阶地右旋错动的迹象（图 4.14－1），其几何形态较为复杂，大致由 6 条不连续次级断裂段主要以右阶或左阶羽列而成，在不连续部位常形成拉张区或挤压脊，阶距 1～3.5km 不等。该断裂的南北两端还分别发育了由主断裂活动形成的次级挤压逆冲断裂带，北端为乌兰盆地东缘断裂，南端为温泉次级断裂段。现将各次级段的主要特征简述如下（图 4.14－2）。

图 4.14－1　鄂拉山断裂遥感解译图

1. 呼德生断裂段（F1-1）

　　该段断裂从北西端的阿汗达来寺向南东沿柯柯霍尔格、中尕巴，经阿移哈丫口至呼德生谷地止。总体走向 NW45°，长约 30km。断裂在地貌上线性特征清晰，构成东北侧中高山与乌兰盆地边缘低山丘之间明显的地貌分界线。沿断裂带除发现山脊和冲沟右旋断错之外，还形成了断层陡坎、高大的断层陡崖及挤压脊等构造现象，如在柯柯霍尔格附近，次级断裂呈左阶羽列，从而在不连续部位形成挤压脊。

2. 茶卡六道班断裂段（F1-2）

　　该段断裂经其柔谷地，过沙尔嘎努丫口后，沿青藏公路茶卡六道班向南东，经干沟、咸

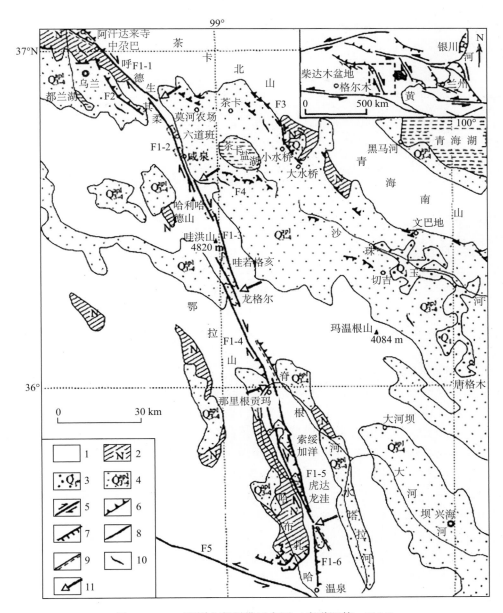

图 4.14－2　鄂拉山断裂带展布图（袁道阳等，2004）

1. 前第三系；2. 新近系；3. 早更新世；4. 晚第四系；5. 走滑断裂；6. 逆断裂；

7. 断层陡坎；8. Qh 断裂；9. Qp₃ 断裂；10. 活动褶皱；11. 分段界线；

F1. 鄂拉山断裂；F2. 乌兰盆地东缘断裂；F3. 茶卡盆地北缘断裂；F4. 茶卡盐湖断裂；F5. 昆中断裂

泉至哈莉哈德山附近出现断裂分叉和不连续现象。长约 37km，总体走向 NW30°。断裂在地貌上主要表现为右旋断错冲沟、山脊、阶地和洪积扇等，同时形成了非常明显的断层陡坎。如在茶卡六道班北，断裂沿沙尔嘎努沟谷东侧山前 Ⅰ—Ⅱ 级洪积台地通过，右旋断错其上的小纹沟，断距6~20m不等，并且形成非常清晰的反向陡坎，高仅0.4~1.3m，探槽揭露断裂新活动具正断性质，表明断裂具正右旋走滑特征（图4.14-3）。该段断裂与呼德生断裂段（F1-1）之间的分段界线为明显的断裂拐弯和分叉现象。

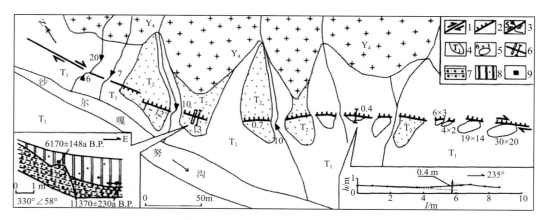

图4.14-3　茶卡六道班北断错微地貌图（袁道阳等，2004）

1. 走滑断裂；2. 断层陡坎；3. 冲沟右旋断错；4. 洪积阶地；5. 挤压脊；
6. 探槽及实测断坎位置；7. 砂砾石土层；8. 含砾亚黏土；9. ^{14}C采样点

3. 哇洪山断裂段（F1-3）

该段断裂过哈莉哈德山后，沿巴硬格莉沟、哇洪山前谷地，穿过哇若格亥盆地，到龙格尔盆地东侧止。由两条次级断裂左阶羽列而成，长约35km，总体走向NW30°。断裂活动断错阶地及洪积扇等，形成了明显的断层陡坎，并右旋断错冲沟和山脊，形成断头沟、断尾沟等。例如巴硬格莉沟就是一条一级右旋断错冲沟，断裂穿过该沟的Ⅰ—Ⅳ级阶地（T1—T4，下同），形成了非常明显的阶地右旋和断层陡坎等（图4.14-4）。由于交通不便，未能到实地进行测量，仅从1∶3.8万航片上测量得到Ⅳ级阶地后缘断错306m、Ⅲ级阶地前缘断错136m，Ⅱ级阶地前缘断错68m，并在该级阶地上发育一条废弃沟，断错136m，Ⅰ级阶地顺着已经右旋断错的冲沟发育，航片分辨率不够，断距无法测得。该段断裂与茶卡六道班断裂段（F1-2）之间的分段界线为左阶区和断裂分叉，与南段的鄂拉山断裂段（F1-4）则通过哇若格亥盆地和龙格尔盆地两个右阶拉分盆地实现构造转换，阶距分别为2和1.5km，其中分隔两个小盆地的是一条长约10km的次级断裂段。

4. 鄂拉山断裂段（F1-4）

该段断裂沿龙格尔盆地西侧通过，向南至青根河大拐弯处的那里根贡玛止，长约39km。地貌形态主要以断层陡崖、断坎为主，并见右旋断错冲沟等现象。该断裂控制了青根河谷地的那里根贡玛盆地的形成和发育。

5. 青根河断裂段（F1-5）

该段断裂由两条平行的次级断裂段组成。从青根河大拐弯处起，向南经索绥加洋谷地，到虎达龙洼谷地止，长约42km，走向NW30°~10°。断裂北端与鄂拉山断裂段（F1-4）在

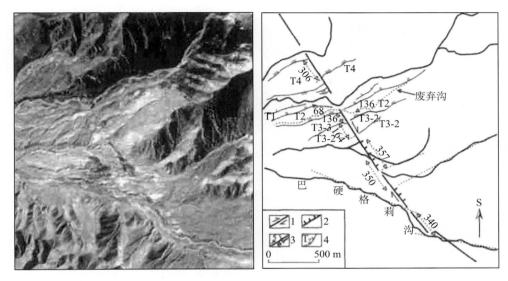

图 4.14-4　巴音格莉沟阶地断错示意图（袁道阳等，2004）

1. 走滑断裂；2. 断层陡坎；3. 冲沟右旋断错；4. 阶地及级数

那里根贡玛呈左阶羽列，向南与温泉断裂段（F1-6）出现断裂分叉现象。其中东侧断裂段在地貌上主要以断层陡崖、断坎为主，未见明显右旋断错形迹，表明该段断裂主要为挤压逆冲性质。而西侧断裂段右旋断错现象明显。

6. 温泉断裂段（F1-6）

该段断裂从虎达龙洼谷地起，向南到温泉止，长约 24km，走向 NW10°。断裂在地貌上主要表现为低的断层陡坎及高大的断层陡崖，右旋断错现象不明显。

同时在哈布扎哈一带，航片解译中还发现了 3 条长约 10~20km，弧形弯曲的断裂段，地貌上形成清晰的断层陡坎，很可能为鄂拉山主走滑断裂带南西侧拉张区的地貌表现形式。

4.14.2　断裂滑动速率

1. 水平滑动速率

计算断裂滑动速率最理想的参照标志就是阶地。沿鄂拉山断裂带的多数冲沟均发育了不同级别的冲洪积阶地，断裂活动造成多级阶地断错。其中巴硬格莉沟Ⅱ级阶地前缘断错约 68m，Ⅲ级阶地前缘断错约 136m；干沟Ⅱ级阶地前缘断错约 16.5m；干沟南第二冲沟Ⅲ级阶地前缘断错约 70m，Ⅱ级阶地后缘断错约 170m；干沟南第三冲沟Ⅲ级阶地前缘断错约 70m，Ⅲ级阶地后缘（Ⅳ级阶地前缘）断错 130m。我们把同级阶地前缘的断距除以该级阶地的年代所得到的滑动速率作为其下限值，除以低一级阶地年代作为其上限值。本区干沟北Ⅰ级阶地的 TL 年代为 4.4±0.2ka，干沟南Ⅱ级阶地上部 TL 年代为 19.28±1.64ka，干沟南Ⅲ级阶地上部 TL 年代为 32.13±2.73ka，干沟北Ⅲ级阶地 TL 年代为 36.5±1.8ka。综合分析对比后，得到鄂拉山断裂晚更新世晚期以来的平均水平滑动速率为 4.1±0.9mm/a。

2. 垂直滑动速率

鄂拉山断裂带在阶地水平断错的同时，还在阶地上形成了明显的断层陡坎。沿鄂拉山断裂 I 级阶地或洪积台地上断坎高度约 0.5~1.0m；II 级阶地或台地的断坎高集中在 1.5~2.5m，最高可达 3.5m；III 级阶地坎高 3~4m，最高达 4.35m。根据本区各级阶地的相应年代（同上）。综合分析对比后，得到该断裂晚更新世晚期以来的平均垂直滑动速率为 0.15±0.1mm/a。

4.14.3　结论与讨论

通过遥感解译和收集前人（袁道阳等，2004）对鄂拉山断裂带详细的航卫片解译及野外追踪考察的成果，对断裂带晚第四纪的构造活动与变形特征有了较明确的认识，主要表现在：

（1）鄂拉山断裂带是分隔本区乌兰盆地和茶卡—共和盆地的一条重要边界断裂，长约207km，由六条规模较大的次级断裂段主要以右阶羽列而成，阶距 1~3.5km。

（2）鄂拉山断裂带由挤压逆冲转换为右旋走滑的时代为第四纪初期，约 1.8~3.8Ma B.P. 左右，并造成大的地质体断错 9~12km。断裂活动还形成了一系列山脊、冲沟和阶地等的右旋断错及断层崖、断层陡坎等。晚更新世晚期以来的平均水平滑动速率为 4.1±0.9mm/a；垂直滑动速率为 0.15±0.1mm/a。

（3）鄂拉山地区的构造变形受区域 NE 向构造应力作用下的剪切压扁与鄂拉山断裂的右旋剪切和挤压的共同影响，共和—茶卡盆地和乌兰盆地均属于走滑挤压型盆地。青藏高原东北缘地区在区域性北东向挤压的作用之下，应变被分解为沿北西西向断裂的左旋走滑和沿北北西向断裂的右旋走滑运动，形成一对共轭的剪切断裂。鄂拉山断裂及其他北北西走向断裂的发展演化和变形机制表明青藏高原东北缘向东的挤出和逃逸是非常有限的。

第五章　青海省历史地震研究

青海省有文字记载的地震最早可追溯到东汉时期，即公元 138 年发生在甘肃临洮西北的 6¾ 级地震。历史上有记载的地震大多数集中在明、清两代，绝大部分分布在青海省东部地区，这可能与青海省东部地区人口分布较稠密有关。公元 1900 年以前，有史料记载的地震不足 40 条，6 级以上地震仅有 3 次。新中国成立初期青海省仅有 1 个地震台，至 2006 年底，青海省共建成 10 个模拟观测的有人值守测震台站。青海省数字测震台网于 2007 年底通过验收，2008 年 1 月正式运行，全省测震台站数量为 30 个。截至目前，青海台网共接入省内 57 个、周边省份 26 个固定台站，地球所科学台阵的 15 个加密观测台站，台站数量总计 98 个。自 2021 年以来，青海省以西宁为中心的东部地区监测能力达到 $M_L 1.5$，中西部及青南地区达到 $M_L 2.5$，处于青藏交界的唐古拉地区监测能力只能达到 $M_L 3.0$。

据青海省地震目录（中国地震局监测预报司，2010），青海省 1900 年以来中强地震 20 余次，本项研究工作统计了 17 次中强以上地震（图 5.0－1），地震参数如表 5.0－1。

据青海省历史地震考察资料记录，青海省 1900 年以来主要地震参数如下表 5.0－2。

表 5.0－1　青海省 1900 年以来的主要地震

地震名称	时间	北纬（°）	东经（°）	震级	深度（km）	参考地名
1947 年青海达日 7.7 级地震	1947.03.17	33.3	99.5	7.7		青海达日县
1979 青海玉树娘拉年 6.9 级地震	1979.03.29	32.4	97.3	6.2	45	青海玉树东南
1979 青海茫崖年 5.6 级地震	1979.12.02	38.5	90.3	5.7	24	青海格孜湖西北
1977 青海茫崖年 6.4 级地震地震	1977.01.02	38.2	91.2	6.4	16	茫崖西北
1997 年青海霍不逊湖地区 6.3 级地震	1977.01.19	37.1	95.8	6.3	18	青海霍不逊湖
1986 年青海门源 6.4 级地震	1986.08.26	37.78	101.63	6.5	8	青海门源
1987 青海茫崖年 6.2 级地震	1987.02.06	38.06	91.25	6.1	24	茫崖西北
1988 年青海唐古拉 7.0 级地震	1988.11.05	34.27	91.87	6.8	7	青海格尔木西南
1990 年青海茫崖 6.7 级地震	1990.01.14	37.84	92	6.5	12	青海海西蒙古族藏族自治州
1990 年青海共和 7.0 级地震	1990.04.26	36.06	100.33	7.0	9	青海共和县
1994 年青海共和 6.0 级地震	1994.01.03	36.1	100.1	6.0	28	青海共和县

续表

地震名称	时间	北纬 (°)	东经 (°)	震级	深度 (km)	参考地名
2000 年青海兴海 6.6 级地震	2000.09.12	35.3	99.3	6.6	0	青海兴海
2003 年青海德令哈 6.6 级地震	2009.08.28	37.6	95.9	6.6	10	青海海西蒙古族藏族自
2009 年青海大柴旦 6.4 级地震	2009.08.31	37.74	95.98	6.1	7	青海海西蒙古族藏族自
2014 年青海玉树 7.0 级地震	2010.04.14	33.22	96.59	7.1	14	青海玉树县
2016 年青海门源 6.4 级地震	2016.01.21	37.67	101.61	6.4	10	青海门源
2016 年青海杂多 6.2 级地震	2016.10.17	32.81	94.93	6.2	9	青海杂多县

表 5.0－2　青海省 1900 年以来主要历史地震考察地震参数

地震名称	年月日	经度 (°)	纬度 (°)	震级	深度 (km)
1947 年青海达日 7.7 级地震	1947.03.17	99.5	33.3	7.7	
1979 年青海玉树娘拉 6.9 级地震	1979.03.29	32.4	97.3	6.9	
1979 年青海茫崖 5.6 级地震	1979.12.02	90.833	38.2	5.6	
1977 年青海茫崖 6.4 级地震地震	1977.01.02	90.733	37.983	6.4	14
1997 年青海霍逊湖地区 6.3 级地震	1977.01.19	95.466	36.766	6.3	18
1986 年青海门源 6.4 级地震	1986.08.26	101.583	37.75	6.4	17~27
1987 青海茫崖年 6.2 级地震	1987.02.06	92	37.8	6.2	
1988 年青海唐古拉 7.0 级地震	1988.11.05	91.58	34.25	7.0	15
1990 年青海茫崖 6.7 级地震	1990.01.14	91.9	37.8	6.7	34
1990 年青海共和 7.0 级地震	1990.04.26	100.65	36.066	7.0	32
1994 年青海共和 6.0 级地震	1994.01.03	100.15	36.666	6.0	28
2000 年青海兴海 6.6 级地震	2000.09.12	90.5	35.25	6.6	18
2003 年青海德令哈 6.6 级地震	2009.08.28	96.8	37.7	6.6	14
2009 年青海大柴旦 6.4 级地震	2009.08.28	95.8	37.6	6.4	8
2014 年青海玉树 7.0 级地震	2010.04.14	96.6	33.2	7.1	14
2016 年青海门源 6.4 级地震	2016.01.21	101.62	37.68	6.4	10
2016 年青海杂多 6.2 级地震	2016.10.17	94.93	32.81	6.2	9

其中 5 次地震震级在青海省地震目录（中国地震局监测预报司，2010）和青海省历史地震考察资料记录的地震震级有差异，主要是青海省地震目录记录 1979 年 3 月 29 日青海玉树娘拉是 6.2 级地震，青海省历史地震考察报告记录是 6.9 级地震；青海省地震目录记录 1979 年 12 月 2 日青海茫崖是 5.7 级地震，青海省历史地震考察报告记录是 5.6 级地震；青海省地震目录记录 1986 年 8 月 26 日青海门源是 6.5 级地震，青海省历史地震考察报告记录是 6.4 级地震；青海省地震目录 1987 年 2 月 6 日青海茫崖西北记录是 6.1 级地震，青海省历史地震考察报告记录是 6.2 级地震；青海省地震目录记录 1990 年 1 月 14 日青海茫崖是 6.5 级地震，青海省历史地震考察报告记录是 6.7 级地震。

对青海省 17 次中强以上地震历史考察资料记录总结如下：

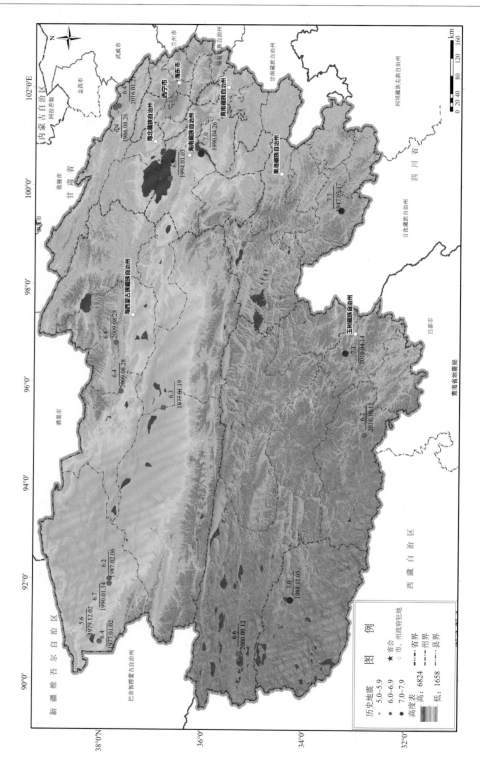

图5.0-1　青海省主要历史地震分布图

5.1　1947 年青海达日 7¾ 级地震

5.1.1　地震概述

1947 年 3 月 17 日，青海省果洛州达日县南发生了 7¾ 级强烈地震。据当时有关资料测定，其微观震中位置为北纬 33.3°、东经 99.5°。具体发生在达日县吉迈公社附近。

为了全面考察和确定 1947 年达日 7¾ 级地震的破坏面，震后形变带的展布方向和组合特征，研究震中地区的地壳结构和断裂构造变动情况，从而进一步研究此次地震的发震构造背景和现今构造应力场作用方向和方式，探讨其地震与断裂构造之间的内在关系，国家地震局 1983 年给我局下达了"大震构造背景——青海省达日 7¾ 级地震的考察和研究"的科研任务，以系统地对 1947 年达日大震进行科考总结工作。我局随即组建了达日地震考察队，着手筹备，开展这项工作。并于 1983 年 6～10 月初，对地震区进行了为期 4 个月的实地访问、调查、考察和研究工作。

参加这次考究工作的有青海省地震局的伍建平、涂德龙、张瑞斌、王成、李正阳、路海宁、善者，兰州地震研究所的代华光、吴增益，青海工农学院的胡东升等同志。

5.1.2　地震宏观烈度确定

1947 年达日 7¾ 级地震发生在巴颜喀拉山北缘山区，震区海拔高，居民少。主要为一些随季迁徙的游牧藏族部落。震区除一些帐篷外，只有几个土坯木架和石垒的寺院，因此对该次地震所造成的地面烈度的鉴定和划分带来一定的困难。鉴于这种情况，主要是根据人的感觉程度和帐篷内物器的动态，极度震区主要依据地震时所形成的地面破坏遗迹，结合《新中国烈度表》综合分析、确定。

1. 地震烈度的评定

1947 年达日 7¾ 地震的破坏烈度，当时根据对震区 39 岁以上的 200 多名牧民群众访问资料和地震形变带的调查考察资料，同时考虑到地震影响场内的地质构造和震害和地质有关因素，大致圈定了 Ⅵ 度以上的地震等震线（图 5.1-1），现分述如下：

（1）Ⅹ 度区（极震区），东起达日县南日查的东侧，经江基贡玛、昂苍，止于依龙沟脑，东西长约 54km，南北长 16km，极震区面积约 700km²。其长轴方向为北西 320°。与北西—北北西向的克授滩—日查弧形活动断裂相吻合，该区的圈定，除一些访问资料外，着重根据地震形变带圈定。

在震区内基本上无房屋建筑，地震时只有个别游牧民群众在此居住，至今仍对这次地震记忆犹新。地震虽距今 36 年，许多人经提醒就能准确地报出地震发生的时间。尤其不少人是当年地震形变带的目睹者。这些在极震区放牧居住的牧民，在震前几乎都听到了地声，震时人、牲畜惊慌不定，室内的物品基本上翻倒，石垒泥砌的炉灶坍塌，有的帐篷被撕裂。

全区分布有大规模的地裂缝，地表破坏极度其强烈，在区内普遍产生塌方、滑坡现象。据当地牧民反映，在地震时，有的地方将冻土块抛出数十米以外，有的地方地面拱起的鼓包有帐篷那么大，地裂缝宽数米，深不见底等。区内的地裂、鼓包、凹陷、滑坡、陡坎等地表破坏现象，组成一连续的雁列状条带，宽达数十米，从日查—依龙沟脑延伸达 58km，在震时被翻动的草皮达 5m² 大小（图 5.1－2）。在错开处地表石块被地裂而错断，同时在其两侧广泛发育有小型的地表变形迹，共同组成了极度城区内破坏面。

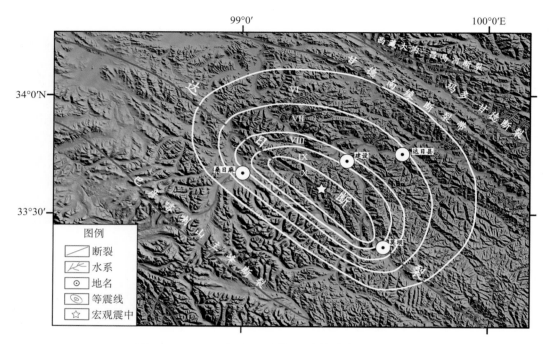

图 5.1－1　1947 年达日 7¾级地震等震线及发震构造

图 5.1－2　昂苍沟东地表破裂

（2）Ⅸ度区：东起莫坝公社止吉郎，南至平顶山北，北到年毛南，长轴方向为北西320°，东西长 63km，南北宽 36km，Ⅸ度区面积 173km²。

在区内的人们普遍听到在地震前有地声，地震时人站立不稳、摔倒，坐在地面的人们被震倒，有的人和物品一起被抛出有 1m 左右，帐篷里的器具、家具普遍倾倒，牲畜惊悸乱拥、乱跑，狗吠不绝。

地面破坏遗迹已不显著，只见分布有一系列滑坡和随地形而留存的与现代冻土蠕动相织一起的波褶地形，以及一些规模不太的地裂缝（图 5.1 - 3）和类似地鼠拱起的小型隆起及凹陷零星分布。

图 5.1 - 3　马尔合湖地裂缝

（3）Ⅷ度区：包括吉迈公社、建设公社、年毛寺等。其长轴方向为北西 320°，东西长 76km，宽 29km，面积为 2175km²，呈向北东突出的椭圆。区内年毛寺，查郎寺等建筑物由于在近期进行过修缮，以至无法作为鉴别烈度的依据。

地震时居住在本区的牧民较多，他们普遍反映，在地震时感到地面摇得很厉害，有的相依坐在一起的人相互碰撞，站立的人左右摇摆，许多人被震倒在地。帐篷内器具发生相击响声，锅台上的壶、锅及箱子上的物品皆震落地下，盆中的液体泼出，一些家中的炉台被震裂，少数毁坏，有些睡觉的人们被惊醒。黄河中封冻的冰被拱起的震碎。

坐落在区内的年毛寺、查郎寺，为土木结构，据反映在震时，其寺院后背山上滚石现象普遍，寺院天花板掉下板块，房屋被震裂、有些倒塌，挂在墙上的轴画册来回晃动，神台上的一尊佛像下来而毁坏，在经堂念经的人群，在地震时惊慌奔逃。

（4）Ⅶ度区：主要包括达日县、桑日麻公社，长轴方向为北西 320°，长轴 95km，短轴为 39km，面积为 4225km²。

地震时，人们似乎打了个冷颤，器具中的液体发出响声并有泼出，在羊圈里的冰冻羊粪粒上下抖跳，在帐篷内供桌上的器物相互撞击作响，有的震落地下。个别人站不稳，牲畜亦有惊慌现象。

据访问，牧民反映在震区内的一些河滩地段，在震后出现有小型地裂和一些泥浆翻鼓现象。

2. 地震宏观现象

据震区许多牧民反映，地震后人们也分别感觉到一些小地面震。地震前刮过一阵在风，同时多数居住在震区的牧民，在震前普遍听到地声，犹如闷雷或许多牦牛在一起嘶叫的一样。地震时，许多牛、羊、马、狗等牲畜则呈现惊慌不安的样子。

3. 宏观震中位置的确定

由等烈度线图可见，此次地震所形成的各烈度区，长轴展布方向总体是一致的，方向与区域构造线的总体延伸相吻合。

然而，这次地震的烈度衰减情况却比较快，有感和破坏面积并不大。由图可见，沿其长轴，即北西向断裂带延伸方向上，震害烈度衰减是相对较快的。根据访问资料，各烈度区的震害烈度线，呈北东突出，南西相对收敛的弧形线，在北东方向上衰减程度与北西—南东方向上相当，这一烈度分布总形态，一看来与当地居民居住分布程度有关，二与发震断裂的形态、产状和运动方式等有直接关系。

根据达日 7¾ 级地震震害烈度分布资料、地震形变带考察资料和构造变动情况，我们取极震区（Ⅹ度区）二分之一的中间点，为此次地震的宏观震中，此段也是地震形变带以大面积的塌方、滑坡等震害而破坏的地段，从而确定 1947 年 3 月 17 日达日 7¾ 级地震的宏观震中为北纬 33°35′40″、东经 99°20′18″。具体位置是在达日县建设公社南，位于微观震中北西 35km。

5.1.3　地震形变带展布特征

1947 年达日 7¾ 级地震所造成的地震形变带，原在兰青两省地震部门 1980 年的考察报告中认为："1947 年达日 7¾ 级地震形变带，西起玛多县克授滩，沿南东东方向往东南延伸，东端终止于日查，全长 154km，总体方向为北 40°西左右，同时在形变带的北侧，江基贡玛、昂苍、苏土贡玛外，有三条规模轻音乐上的北 15°～30°西的形变带与北 50°西的主形变带斜交"。

由于该次地震发生在高山地区，各种风化剥蚀现象普遍，尤其区内雨水相对充沛，地下水位也较高，地震蠕变是相当严重的。特别是冰冻层随着季节和地表蠕变而产生的鼓凹的滑褶地形更甚发育。这些地表蠕变形迹从对区内面上考察来看，是很普遍的。也往往容易与地震形变带混淆在一起而不作区分。

从这次考察来看，虽然该地震距今已 36 年，加之风吹寸打等造成的剥蚀及冲垫作用，其规模远不及当年，但地表遗迹是清晰可辨的，尤其是地震形变形迹连续组合的线性特征极度为显著。

1. 地震形变带展布特点

根据实地考察结果，1947 年达日 7¾ 级地震所造成的地震形变带，主要由二组方向的形迹组合展布，一组为北西方向的地震形变带（主形变带），一组为北西偏北方向的地震形变带，两组形变带的表现形式大致相同，但规模不同。北西向地震形变带延近 60km，而北北西向地震形变带一般零星分布在北西向主形变带两侧，延伸长度在数百米至数千米左右（图 5.1－4），两组方向展布的地震形变带存在，与区内地表断裂构造线展布方向是完全吻合的。

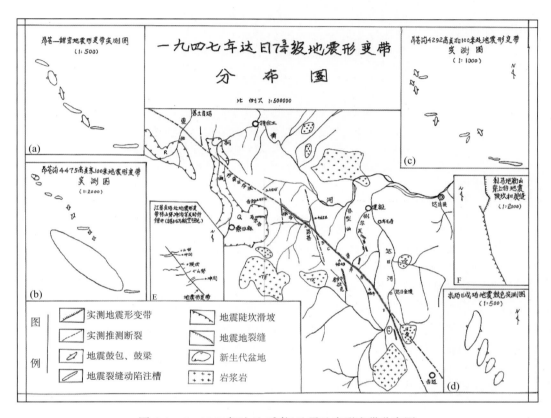

图 5.1－4　1947 年达日 7¾级地震地表形变带分布图

（1）北西向形变带，东起达日金渡南日查东侧，是北北西向往弱延伸，经江基贡玛沟脑为北西方向。延查弄古、昂苍伸展，西至依龙沟脑，全长近 60km²。在昂苍－4209 高地及江基贡玛—日查地段形迹较为清晰。主要沿着山腰、穿梁跨沟，在线性组合内的特征非常明显。在依龙沟—昂苍沟口，沿依龙沟山腰通过，由西往东呈加强之趋势，其形迹主要有一系列滑坡、陡坎、平台和鼓包等现象，共同组合组成了呈弱 50°~60°西方向线状展布的地震形变带，带宽 30m 左右。此段尤其是滑坡发育，单个滑坡后缘一般不超过 100m，后壁高度最大可过到 10m，现见滑坡面呈月牙形，在坡底均有泉水出露。带内陡坎北高南低，高差最大可达 2m，一般在 0.5~0.8m 左右，底部出露岩石较为破碎，并且可见到构造角砾岩，陡坎长有的可达 100m 左右。

图 5.1 - 5　昂苍沟口西山梁上地裂缝

　　在昂苍沟口-4292 高地北侧，地震形变带主要有一系列的鼓包、地裂缝、凹坑等相伴组成，线性特征显著，站在高处眺望，尤如数区并肩奔跑的骏马在地面留下的足迹，清晰而笔直地往东延伸，形变带总体组合延伸方向 130°左右。在昂苍沟口西山梁上，一系列地裂缝组成的地震断层曲折碾转，其单条裂缝宽度在 20~40cm 左右（图 5.1 - 5）。地裂缝一般呈东西向或北西西向展布。与地裂缝相伴的有一系列鼓包，呈长圆形，长轴为北北西向，鼓包长数米至十余米不等，宽 1m 左右，高约 0.5m，鼓包核部出现开裂，上覆草皮往西翼翻转。数个鼓包呈雁列状，排列方向为北西向（见形变带插图）。与此还有一系列凹坑，单个呈北东东向，宽度约 1m，长数米，由于坑中塌落，沟壁草皮往下翻落呈直立。坑缘出现了引张裂缝。现见凹坑呈漏斗状，深度约 1.2m（图 5.1 - 6）在昂苍沟东山南坡到 4292 高地一系列地裂、鼓包、凹坑和滑坡而组成的宽 30m 左右的地震形变带，其间鼓包、凹坑首尾相接，具雁列式和多字形，线性特征尤其显著。带内草皮有的被拉开或挤压而翻转、竖立。

　　形变带东段，在查寺古沟口向东穿过一系列山垭口而进入江基贡玛南坡，走向略转为 N30°~40°W。此段为一些砂岩滑坡和陡坎。在江基贡玛北侧山脊上，一系列鼓包与凹坑组成的地震形变带，带走向与山脊线一致（N30°W）。形变带内单个鼓包呈南北向，长度一般不超过 10m，宽 2~3m，高近 1m，数十个鼓包呈雁列分布。在形变带通过一些冲沟时，明显将一些北东向的冲沟反向冲断错开。有的冲断距可达 0.8m。出江基贡玛沟口地震形变带以南 15°东左右的方向，斜穿达日根河南终止于日查。在达日根河西岸阶地上，翻出砾岩带（主要为闪长岩），长 100 余米，砾岩带北侧为一滑坡，长 70~80m，并且在阶地上明显存在陡坎而形成二级台阶，上台阶高差 1~2m，下台阶高差 4~5m。

　　在河东岸阶地上虽大部分为茂密的草皮覆盖，但仍可在地貌上分辨出相对两侧的凹洼地形，草皮有的下塌，有的往中间倾斜、翻转，同时穿插一些宽几公分的地裂缝。翻过山梁至赛儿根，存在一 30m 左右的台梁，梁相对而言高出地表 50cm 左右。梁上大批石块翻起而覆

图 5.1 - 6　错雪东地表凹坑

盖地表层，石块呈一定的定向排列，鼓梁长轴方向 345°左右。在其北侧的刹马勒山脊南坡上，存在长约 500m 的地裂缝和地裂明显地将表层草皮拉开 50cm 左右，缝内出露岩性为砂岩，岩石破碎，拉开的裂面南倾，倾角 70°~80°左右，其地裂与陡坎单体走向 345°。地震形变带东延至日查形迹消失。

在地震形变带中段，即查弄古沟脑地段，其形变形迹展布的线性特征不明显，无论在山梁、山坡和沟谷区，广泛发育着滑坡、塌方、滚石等一些震害现象，这些现象共同组成一个破坏面。在查弄古沟脑北侧山腰上，可见到 3~4 个大滑坡面而形成的阶梯状山坡面。

（2）北北西向地震形变带，分布较散，延伸长度在 2km 左右，其中较显著的有位于主形变带中段南侧，都克拉附近的扎玛日戒玛地震形变带。表现形式为地震鼓包组成的鼓梁，其展布方向 N10°W（图 5.1 - 7）。下部砂岩直接裸露地表，破劈理延长方向 N10°W，致使砂岩呈北北西向排列的片状（图 5.1 - 7）。在山坡上出现的鼓包，单个展布近南北向，宽 1~2m，长 5~8m，高 0.5m（图 5.1 - 7）。

在主形变带中段北侧瓦沟两侧，主要发育一系列北东方向的凹坑而连续组成的北北西向地震形变带。

同时，在昂苍沟西的马尔合湖旁，存在一条地裂缝，缝壁平直，为张扭性，现见宽度在 15cm，长近 20m，走向为东西向。

2. 形变带力学性质的讨论

根据实测和分析地震形变带的组合特征，可以明显地看出 1947 年达日 7¾级地震所造成的地表形变带，主要有鼓包、陡坎、凹坑、地裂缝和一些滑坡、塌方等一些现象组合而成，这些不同性质的地震震害现象，则是反映了在统一应力作用的运动方式下所出现的相互依存关系。无论是鼓包、陡坎，还是凹坑和地裂，虽然各处单独形成的力作用机制不同，各处展布方向不同，但是共同组合在一直线上，总体排列是有统一的顺序规律。这一点充分地

图 5.1 - 7　都克拉附近地表鼓梁

表明了其内在统一的随机关系。形变带内分布的地震鼓包，都为长圆形呈南北向分布，鼓包核部出现引张裂缝，下部出露岩石破碎，看来是受挤压应力作用而形成，其应力作用方向与鼓包展布方向垂直。为北东偏东方向：与鼓包相间的为一些凹坑和地裂，其走向为近东西向，中间草皮下塌，坑缘出现了引张裂缝，应属拉张性质，根据鼓包与凹坑（张裂洼槽）一般呈首尾相接规律，所以后者形式可能是在挤压应力作用下，地表鼓起而产生的侧向牵引作用下形成，两者形迹是在统一应务的作用下而相配套的结构面现象，据此，二形迹结构面力学性质皆反映了所形成的应力作用方向为北东东向的挤压作用，相对而言的北北西向的拉张作用力。

　　再从鼓包、凹坑、地裂等形迹随机而有规律的组合现象分析，而且形变带的宽度又只限于断裂带的宽度。这一切充分地表明了：地震鼓包、凹陷、地裂等震害形迹是发震断裂带总体运动的结果。所以造成了地震形变带总体线性特征显著的特点。根据地震鼓包、凹陷、地裂等形迹反映的北东东向挤压应力作用方向，及其有机规律的排列组合，充分地反映了发震断裂带两盘相对运动的方向，即发震断裂现今为左旋运动，因为发震断裂如是左旋平移，则带内任一单元主体受到了与主断裂运动方向约45°左右挤压和拉张作用，从而形成了带内近南北向的压性鼓包和近东西向的拉张凹陷及地裂，这些形变形迹是发震断裂两盘相对动所产生的侧向应力作用而造成地震震害现象。

北北西向地震形变带，主要有鼓梁和梁包及一些凹陷组成，纯属压性结构面要素，是在挤压作用下形成的。据此，根据北西向主形变带反映的断裂带为左旋运动组合分析，二者的地应力场应力作用为北东—北东东向。

5.1.4　区域构造背景及发震构造

1947 年达日 7¾级地震位于巴颜喀拉山区中，从区内地层出露来看，主要有中生代三叠系、第三系、第四系等地层，此地属于松潘、甘孜地槽西北部分，三叠系地层可分为上、中、下三个统，分别为上、中、下巴颜喀拉群，是一套槽型复理石建造，其地层走向由北西西向东逐渐转化北西—南东向，显然是受区域地壳变动的控制，是与区域构造线方向相一致。第三系总体分布为北北西向，为一套红色黏土岩，现今已抬升而组成为夷平面；第四系主要分布一些河谷及其冲沟处的冲—洪积物。

在地震断裂带附近，主要出露为上巴颜喀拉群下部的板岩夹灰岩。其岩性下段为灰深灰色硬质长石砂岩、粉砂质岩、粉砂质泥质岩，厚1152m，中段为灰黑色砂质长石砂岩及粉砂质板岩为主，偶夹长石硬砂岩，厚780~1120m；上段岩为灰、灰绿色厚层硬砂质长石砂岩、板岩、粉砂质板岩。局部夹灰岩、砂岩、板岩，厚643~1500m。在工作区南部，则出露有灰绿色厚层硬砂质长石砂岩、长石石英岩为主的中巴颜喀拉群地层。由于三叠系厚度巨大，在地震断层附近未见到其顶部地层。第三系地层零星分布，岩性为一套紫红色砾石，含砾粗砂岩，砂岩夹泥质粉砂岩的第三第地层。在区内还分布有规模不等的中生代侵入岩，主要为一些花岗闪长岩体，这些岩体总体走向沿北西向断裂构造带分布，局部受到南北向断裂带的影响。即在空间上具有近南北向排列的特点。

由于该区处于青藏歹字形构造头部的巴—松弧形褶带之中，断裂构造十分发育，青藏系在该区主要以北西向范畴沿青藏地块而转南南东向的弧形构造为特征。在区内主要发育有北西西—北西—北北西向的弧形断裂带和零星发育的北北西向断裂为主。前者生成时期早，明显地控制了三叠系地层的展布，构成了区内主要构造格架，后者生成时期相对较晚，但与第三系地层呈现明显的成因关系，然而，由于该断裂处在北西向构造十分发育和强烈地区，其生成和发育无不受到前者断裂构造的影响，所以造成了北北西断裂具有长度较短和断续延伸的特点。当受到北西向断裂阻挡的时候，其前缘向北西方向偏转，两者关系上反呈接以致重接而构成向北东方向突出的弧形构造带，这两种构造的复合地段，往往构成新构造运动十分活跃的地段。

在震中地区发育的北西向断裂构造，主要有为达日断裂带内的弧形断裂带，其走向由西向东，即有北西西转为北西，最后在达日金渡附近转成北北西向而呈现向北东方向凸出的弧形构造，全长约 150 余千米，沿断裂带现今地貌差异所反映的构造活动强度具有明显的分段，总体北西向的槽谷被一系列北北西向隆起和断裂分隔（图5.1-8）。

在断裂带西段克授滩—苏土贡玛地段，全长约 61km，断裂主要控制了中生代地层的分布。沿断裂带走向的河谷较为宽广，两侧现今构造差异运动不十分明显，走向北北西向的山梁将北西向河谷明显地分割，从而组成了支流分水岭，水系向两侧流出。北西向河谷呈现了相对老化的地貌特点，新构造运动的形迹不显著，反映出该断裂在晚近时期以来较为稳定的地段，在苏土贡玛—依龙沟，全长约 30km，沿带主要发育有三叠系地层，此外在柯曲的西

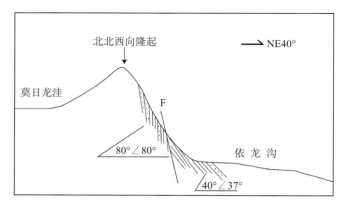

图 5.1 - 8　沙莫日龙沟—依龙沟北北西隆起剖面示意图

侧见到第三系地层的存在。该段晚近构造差异运动主要表现在沿断裂带走向常形成一些陡坎和滑坡，在北北西与北西向断裂复合地段，由断裂两侧的差异构造运动形成的构造阶地陡坎达 4 次之多，显示出该段晚近以来中多期活动性，断裂东段依龙沟—日查地段，全长 60km 左右，其走向由北西变为北北西，在其南段日查附近为中生代花岗闪长岩体出露。此段现今构造活动十分活跃，依龙沟沟谷深切，河流侧蚀强烈，1947 年达日地震形变带完全与该断裂重合。

北北西向断裂带。区内分布有日查—达日金渡断裂，都拉克—昂苍断裂，桑日麻—侧贯坝断裂，断断续续沿柯曲河分布，在肯德龙以北，断裂北段较显著，在地貌上形成一排整齐的断层三角面，三角面下部又形成一排新三角面，草皮明显被拉开而形成一个新鲜面，从而造成了新老三角面二分特征，老三角在倾向北东，倾角 50° 左右，新三角倾角 70° 左右，下滑形迹显著。在三角面下部为一系列堆积的波褶地形而组成平台，泉水沿带出露。该断裂北段受克授滩—日查断裂的阻挡而拐成北西向，根据断面擦痕、次级构造分析，该断裂为挤压兼顺扭运动方式。

从对区域构造分析来看，区内断裂构造的晚第四纪活动强烈，根据对区内地貌、新地层分布、构造运动、近代地表活动等综合分析，看来该地区现今构造变动是以北西向和北北西向联合的弧形构造活动为其特征。

从有关资料分析，昆仑山口—达日断裂带，西起昆仑山口，经野牛沟往东可分数支，其中主要的一支经达日—班玛，南一支经克授滩—日查—达卡而进入四川壤塘一带，在达卡—吉卡间分布的岩浆岩也证实有原断裂的存在。1947 年 7¾级地震正发生在南支断裂带的中段。断裂在野牛沟一带走向 N65°～70°W，倾向北东，倾角 70° 至直立。沿断裂带中在日查一带有中生代中酸性岩侵入，其他地段很少见及。

昆仑山口—达日断裂带南支的克授滩—日查断裂，现今活动具有东强西弱特点，在日查一带北盘山地高出南盘有 100～200m 左右。根据该区地表活动，尤其是 1947 年达日 7¾级地震震害影响及地震断层分布情况，克授滩—日查断裂带现今活动并不是沿原断裂方向往东延伸，而是出江基贡玛沟口顺达日根河在日查附近转成北北西向的弧形断裂，也就是现今构造变动利用了原新老二组方向的断裂，使其贯通为一组新活动的弧形断裂构造：克授滩—日查弧形断裂应为这次大震的发震断裂构造。正因为该弧形断裂的直接活动，从而形成了与断裂展布相一致的地表形变带（图 5.1 - 9）

地表形变带西段依龙沟已减弱，至沟脑则逐渐消失。在依龙沟脑西侧为一北北西向的隆起，分隔并且造成了依龙沟和沙漠日龙洼两沟间的现今构造差异运动。东侧依龙沟为深切峡谷，落差大，呈 V 字形；西侧沙漠日龙洼为宽广的 U 字形沟谷。从地层来看，沟北坡上三叠系砂岩产状为 310°/40° ∠27°。而隆起处砂岩产状为 350°/80° ∠80°。两地层在走向上相顶，推测该处为一断层。在照片上也有线性显示。根据二沟谷展布形状上，具有反向错断特征，故判断此处为一相配套的北北西向反扭断裂，也组成了地表形变带西界。

在昂苍沟西山梁上开挖的探槽来看（探槽挖在地表形变带下部，长 5.5m，宽 1.5m，深 1.6m），槽壤剖面具有几分特征，南侧为三叠系砂板岩，产状 305°/215° ∠56°。正对形变带鼓包下部为砂岩碎块，称压碎岩，往北为角砾岩带，角砾岩风化现象并夹有糜棱岩带和断层泥（图 5.1 - 10），从剖面看，自该断裂形成以来经过了多次构造变动，活动是活跃的。所以此次大震的发生是具有一定的构造背景的。

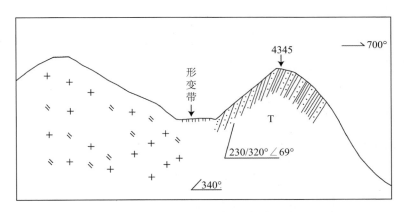

图 5.1 - 9　赛儿根 4345 高地西侧断层剖面图

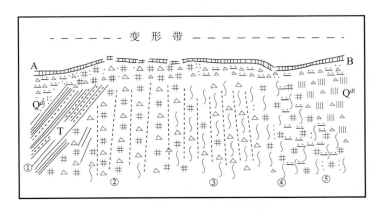

图 5.1 - 10　昂苍沟口西山梁探槽剖面图

①三叠系砂岩；②砂岩挤压带；③角砾岩带；④断层泥、糜棱岩夹角砾；⑤坡积土层

5.1.5　小结

通过 1947 年 7¾ 级地震现场野外考察和访问调查工作，对这次历史大震的震害影响、地表破坏及地表构造有了初步的认识。

（1）根据考察资料，1947 年 7¾ 级地震造成的地面破坏烈度为 Ⅺ 度。但地震有感范围和形变带比省内 1937 年花石峡 7½ 级地震要小，烈度衰减要快，这是否是发震断裂为弧形构造，其剪切破裂作用相应的受到限制还是震级存在误差等因素造成，值得进一步探讨。

（2）此次地震所造成的地表形变带全长约 58km，形变带形迹主要有一系列的鼓包、凹陷、地裂、滑坡和塌方等组成，形迹清晰，线性特征显著。

（3）1947 年 7¾ 级地震的发震断裂，为克授滩—日查弧形断裂带。此次地震所造成的地震形变带、地震震害烈度分布完全受该断裂的控制。

地震形变带的形成组合形迹反映克授滩—日查断裂带为左旋运动。其两者皆反映了区域现今构造应力场是以北东偏东方向挤压应力作用为主。

1947 年达日 7¾ 级地震宏观震中位置为北纬 33°35′40″、东经 99°20′18″，与原仪器测得微观震中相距 35km 左右。

5.2　1979 年青海玉树娘拉 6.9 级地震

5.2.1　地震概述

1979 年 3 月 29 日 15 点 07 分 12.3 秒，青海、西藏交界处的玉树娘拉地区发生了 6.9 级强震。震区平均海拔高度为 4500m 以上，地质构造复杂，自然环境很差，近几年地震活动水平有所提高，特别是 4.0~6.0 级地震活动有明显的显示。有历史记载以来，在这一地区的地震基本是主震—余震型地震。地震活动沿着断裂带的方向展布，地震活动与南北断裂带与其他断裂有着呼应和迁移特点。

5.2.2　地震构造背景

1979 年玉树娘拉 6.9 级地震处在我国西南部康藏 "歹" 字形活动构造头部部位。在该区域范围内属于一级和二级构造单元的基本轮廓和主要构造线方向皆为北西—北西西趋向，震中位置下落于巴塘坳陷褶带中。震中区的北边是尕宁生多—察郎都北西向大断裂，向南西倾斜，为压性断层。该断层以北是三叠系上统巴塘群的色砂岩、板岩夹泥岩、结晶灰岩及一些中基性喷出岩和凝灰岩。南侧是三叠系上统结扎群的灰岩、砂页岩和晚古生代期的花岗岩等其他酸性岩体。实地考察，可以看出这条大断层对两侧地层的分布和岩浆活动起着一定的控制作用，是巴塘褶皱带中一条主要断层。从它的发生发展一起到现今活动，该断裂自印度去运动最后基本形成以来，到燕山构造时期仍有过强烈活动，主要表现以岩浆活动为主。自引以后，它便开始表现沉默，一直到最近时期又开始进入活跃阶段。在最新的构造运动史上，它主要表现在地震活动性上。震中位置的南边有尕宁多断层近科平等的几条规模相对较小断层，倾向皆北东，均为压性。这样就震中位置分析，不难看出，由于震中的两侧均为断层围限，并且断层倾向相对两规模较大，特别是察郎都断层其切割深度至少在 30km 以下，由于两断层的产状和距离所决定，它们在地下的某一深度内必然相交或产生闭锁区。在这样的构造条件下，当局部区域受到整体构造应力场的作用时，这种部位当然是最薄弱的了，即地应力最易集中区和能量较易释放部位，又由于此地震宏观等震线的长轴方向与区域构造线基本一致，因此认为该地震是区域构造应力场活动的结果。

5.2.3　地震宏观烈度

1979 年玉树娘拉 6.9 级地震烈度图如 5.2 - 1。

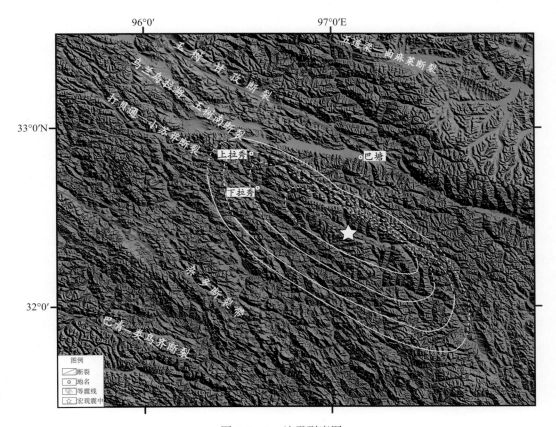

图 5.2 - 1　地震烈度图

5.3　1979 年青海茫崖 5.6 级地震

5.3.1　地震概述

发震时刻：1979 年 12 月 2 日 09 点 30 分 7.8 秒

地震台站所测定的震级：$M_S5.6$

震中区位置：油砂山地段

震中坐标：北纬 38°12′，东经 90°50′

5.3.2　地震构造背景

茫崖地处青海西部与新疆接壤，并被周围阿尔金山系、祁漫塔格、西昆仑等山系所夹。该地区气候干燥，风沙较大，地表水不发育，平均海拔 3000m 左右。

这个地区的岩性特征由下向上分别是：底部是由前寒武系岩类构成基底，其上是古生代震旦系岩类，顶部是由中新生代岩类覆盖。区内第三系和第四第两套地层发育，大部分地区均可见到。地壳表层大部分是由这两个地质年代沉积物质构成。分析这套沉积性质有这样的特点：即第三系、第四系地层的沉积中心向东偏移。换句话说就是：沉积物西薄东厚。该地带所处位置，决定了该地区的地质构造特征。该地区的沉积岩层经历喜马拉雅大规模的构造运动的影响。现今构造形态普遍为褶皱、倒转和断裂。

1. 地震区的主要褶皱构造

油砂山褶皱（背斜）构造：组成油砂山背斜的岩层是第三纪的一套砂板岩层，褶皱的轴线走向为 NW 方向，褶皱的北翼岩层倾向 NE，斜度约 10°～20°，南翼岩层恰与北翼相反，倾斜度约 40°～60°，整个褶皱形态为一对称的半箱状褶皱，其褶皱轴长约 8km，地下轴线与地面线略有差异，地面轴线往北偏移，从剖在上看褶皱轴面呈舒缓波状。

2. 地震区的断裂构造

该地带断裂构造比较发育，发震构造可能为茫崖—花土沟—干森断裂。断裂总体走向为 NW 方向，大致与上述褶皱轴线相吻合。这条断裂始于油砂山东部地段，向西止于阿尔金山大断裂以东红柳泉，是否与阿尔金山断裂呈斜面切复合接触，尚需进一步研究。断裂面的倾向为 NE，倾角较大，断裂切割第四系早更新统地层。根据有关资料表明，该构造线切割地壳基底，是一条活动性较强、切割较深的压扭性断裂。除此以外，区内还有一组沿 NE 方向发育起来的断裂，这组断裂在地震地区与油砂山 NW 向断裂呈反接复合关系，其性质不明。

5.3.3　地震烈度的评定

极震区的地震烈度≥Ⅵ度。其范围为油砂山、油园沟、建设沟、花土沟一线范围内。等震线长轴为 17.5km，短轴为 9km，粗算面积约为 150km²。极震区等震线长轴方向为 NW 方向，与区内主要断裂方向一致（图 5.3-1）。

Ⅴ度区：主要包括阿拉尔、朵斯库勒湖、大乌苏和油砂山以北部分地区范围内。其等震线长轴大致平行极震区等震线，为一条不圈闭的、并向 SW 方向突出的弧形曲线。因油砂山以北地区无人烟，并处于高山地带，无法进入调查，因而Ⅴ度区的影响范围无法算出。

Ⅳ度区：据有人居住的地方调查，茫岩镇委所在地区（石棉矿区）为Ⅳ度区。其他地段因无人居住无法调查，所以Ⅳ度区等震线不做确定。

在极震区，地震所造成的影响迹象比较清楚。地面裂缝主要发育在油砂山以北建设沟、油园沟地段内。其裂缝特征为：走向呈 NW310° 方向的一组比较发育。但规模较小，长者数十米，短者几十厘米。宽度 2～6cm 不等，裂缝的性质皆为张性。在地表的展布形态略呈斜列状。区内 NE 方向的地表裂缝也能见到，但远不如 NW 方向的地表裂缝发育。

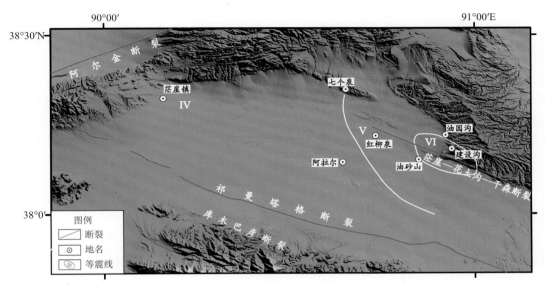

图 5.3－1 1979 年茫崖 5.6 级地震等震线及发震构造

5.4 1977 年青海茫崖 6.4 级地震地震

5.4.1 地震概述

1977 年 1 月 2 日 5 时 39 分，青海省西部茫崖地区北纬 37°59′、东经 90°44′发生 6.4 级地震，震源深度为 14km，极震区烈度为Ⅷ度。

地震后经现场考察，宏观震中为北纬 38°6′、东经 91°4′44″秒。死亡 2 人，伤 4 人。

5.4.2 地震烈度评定

震区地处沙漠地带，居民和建筑物都很少，烈度鉴定工作只能根据公有的建筑物的破坏程度，并结合地震引起的地表形变现象来进行考察结果，我们将地表形变现象来进行考察结果，我们将地裂缝最大，山崩最重，房屋破坏最严重的地区（也就是极震区）定为Ⅷ度区。构造及等震线如图 5.4－1 所示。

Ⅷ度区基本在英雄岭以南及青新十七、十八两道班之间地区。长轴呈北西西—南东东向，长约 19km，平均宽 7km。由于极震区地处第三纪地层和第四纪黄沙覆盖。断裂出露有的地方不甚明显，在震中十七和十八道班之间有一条地裂缝，其长轴方向北西西与等震线的长轴方向是一致的，长达 20km，北盘相对南盘长稍 20cm。除此之外由这次地震造成的无数条近东西走向，大致平行的地表裂缝，一般长约数十米。地震引起的山体松动极为明显，山上一条柏油路有四处被塌方滑坡所覆盖，有六处地基塌陷，宽约 23cm，下陷 11cm，有数处路面张性裂缝长约 1m，宽 15cm。位于震中附近的十七道班六间砖柱土坯房子全部倒塌，只有一堵趱南北墙没有倒塌。十八道班像样六间房子全部被摧毁，向西南方向倾倒。

　　Ⅶ度区：向西包括青新公路十九道班和油砂山附近地区，南界为沼泽地带（尕斯库勒湖），由于工作条件的原因都未进行实地工作，故界限不清。主要现象为走向北西西向的油砂山总体向南推移将山上沙土堆起形成锯状裂缝，并发育一组北东 65°宽约 6.5cm 的张性裂缝，最宽处可达 15cm，延伸数米，并沿山坡有土层塌落现象。十九道班的六间砖硅土坯墙房子两间在这次地震时倒塌，其余四间走向北西—东南房屋，前后墙均向北东方向倾倒，山墙和房顶没有落下。油砂山该处为过去石油指挥部医院旧址，24 间砖柱土坯房子（已多年无人住）被这次地震全部摧毁，而屹立在附近 200m 处左右的砖水泥结构纪念塔墙角扭裂，墙壁有数条小裂缝。一幢砖结构的军用检查站平房，西墙上部向北东方向水平，最大可达 3.9cm 宽，南墙出现数条裂缝，南北向水平错动，最大可达 0.9cm，宽 1.6cm，距散水 2.6m 高处屋顶有一圈裂缝，房顶两节铁皮烟筒一节向西南方向倒落。但耸立在该处 12m 高的旧炼油塔却安然屹立在那里。

　　Ⅵ度区调查了几个居民点，地震时均有强烈感觉，几乎所有人从熟睡中惊醒，慌忙从室内外逃。屋内的床头突然猛烈撞击墙壁，家具器皿哗哗作响。华土沟砖柱土坯墙结构的房子 85%均有程度不同的破坏。在尕斯库勒湖南岸湖滨地区，局部地方可见到地表裂缝呈雁行排列，其总体走向一组为北东 65°，一组为北东 40°，裂缝宽达 3.7cm，最长的可延伸 50m，可见深度一般在 15cm 左右。

　　Ⅴ度区的阿拉尔牧场和老茫崖食宿站，在地震时普遍有强烈的感觉，大部分人从睡中惊醒，门窗、檩条吱吱作响，房子普遍掉土，电灯泡摆动，有人估计有 45°，阿拉尔牧场有 30%的房子有小裂缝。

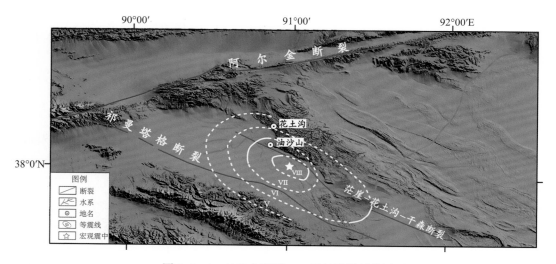

图 5.4-1　1977 年茫崖 6.4 级地震等震线图

5.4.3　地震构造背景及发震断裂

　　该区是受北东—南西的挤压作用，使得第三纪地层褶皱、隆起。以至在本区广泛而普遍的发育了走向北西或北西西的褶皱。这些褶皱在这一区域应力场的作用下，逐渐地使该岩层由塑性变成脆性破裂，以至发育了与其褶皱轴向相一致的正断层。这些断层一般倾角较陡，断距也较大。断层面倾向在褶皱以东的，以西倾为主；在其以西的，以东倾为主，而且皆上盘下降，形成阶梯拢断块。根据该区石油部门的物控资料推测其深度存在一条巨大的压性逆断层，走向与该褶皱平行。这次地震的应力作用方式是北东—南西方向的挤压。在此次地震之后，1979 年 10 月 29 日又发生 4.7 级，同年 12 月 2 日发生 5.6 级，1980 年 1 月 1 日至 7 日又连续发生 4.0 级左右地震 6 次。

5.5　1977 年青海霍逊湖地区 6.3 级地震

地震概述：

　　由于震区是沼泽地，无法深入现场进行实地考察，仅在周围有感地区作了一些了解工作。震源机制解参数见表 5.5 - 1。
　　发震时间：1977 年 1 月 19 日
　　震中位置：N36°46′、E95°28′，霍布逊湖北
　　震源深度：18.0km
　　震级：M_S6.3

表 5.5 - 1　霍布逊湖地震震源机制解

节面 A (°)			节面 B (°)			X 轴 (°)		Y 轴 (°)		P 轴 (°)		T 轴 (°)		N 轴 (°)	
走向	倾向	倾角	走向	倾向	倾角	方位	仰角	方位	仰角	方位	仰角	方位	仰角	方位	仰角
348	78	52	370	220	45	220	45	78	38	240	4	141	69	331	20

5.6　1986 年青海门源 6.4 级地震

5.6.1　地震概述

　　1986 年 8 月 26 日 17 时 43 分，青海省门源县东北发生 6.4 级地震。
　　此次地震的震中位于冷龙岭中段北侧，交通极为不便，加之连日中雨，连骑马进山都有一定困难。考察队在州政府的协助下方能进入Ⅶ度区的部分地段，Ⅷ度区未能如愿，对Ⅵ度区做了较为细致的考察。此次地震的震中位置距门源县主要居民区约 30km，没有造成房屋严重破坏和人员伤亡。部分地区房屋受到轻微破坏，砸死砸伤牛、羊 7、8 只。地震波及了

互助、大通、民和、乐都、刚察、湟源、湟中和西宁市区等地，甚至连兰州、银川都有震感。西宁市区有三个单位质量较差的楼房出现了一些裂缝。地震社会影响最大的是西宁市区和门源县城，当天夜里在屋外居住者为数众多，厂矿、单位和团体及群众来人来电话询问震情者计数百人次，人心一度出现混乱。青海省地震局及时通过广播、电视、报刊以及接待单位代表来访等形式，稳定了群众情绪和社会秩序。

此次地震现场考察和室内分析工作同时进行了 11 天，参加人数为 42 人（兰州所和青海局各 21 人），动用汽车 9 辆（兰州所 4 辆、青海局 5 辆），兰州地震研究所在Ⅵ度区架设了两个临时强震台。在地震联合考察过程中，无论是现场考察，还是收队员总结和资料分析处理工作，两个单位的人员团结一致，步调协调，配合得力，整个工作善始善终。

发震时间：1986 年 8 月 26 日 17 时 43 分

微观震中位置：北纬 37°45′，东经 101°35′

震源深度：22±5km

面波震级：M_s6.4

余震密集区长度（l）：21km，走向：N50°W

余震密集区宽度（d）：15.6km，$l/d=1.3$

余震深度范围：16~30km

余震密集区面积：324.5km²

余震密集区体积：9735km³

最大余震震级：$M_s=5.2$

震级差：$\Delta M=M-M1=1.5$

主震与最大强余震时间间隔：47 分钟

主震与最大强余震空间距离：3km

余震序列 b 值：0.68（$M_s \geqslant 2.0$）

余震频度衰减系数 p 值：0.97

h 值：1.6

地震序列类型：主震—余震型，余震分布见表 5.6-1

表 5.6-1　余震震级分布

M_s	5.0~5.9	4.0~4.9	3.0~3.9	2.0~2.9
N	1	4	28	148

注：震后 8 天内，余震频次达 700 余次，至今余震时有发生。

震源机制解：

A 节面：走向 48°，倾向 SE，倾角 44°

B 节面：走向 167°，倾向 W，倾角 61°

X 轴：方位 259°，倾角 28°

Y 轴：方位 137°，倾角 43°

P 轴：方位 208°，倾角 56°

T 轴：方位 106°，倾角 11°

N 轴：方位 8°，倾角 33°

注：震源机制解由兰州地震研究所震源物理室提供。

5.6.2　地震烈度评定

此次地震位于人烟稀少、终年积雪、气候多变的冷龙岭主峰附近。交通极为不便，难以进入极震区。因此没有圈定这次地震的高烈度区，仅在冷龙岭北坡的宁禅河、石板沟至下红沟定出了一个Ⅶ度段，如图 5.6-1。

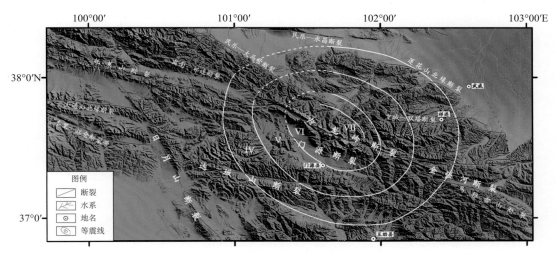

图 5.6-1　1986 年门源 6.4 级地震等震线及发震构造

各烈度区分布特征及主要震害分述如下。

Ⅶ度区：人站立不稳，逃出帐房后被震倒。下红沟滴水沟脑小分水岭出现长 11m，宽 5cm 的地裂缝。山崖岩石崩塌，巨石滚落，最大者为 19.2m³。

Ⅵ度区：东起乐合煤矿，西至棵树沟一带，南到麻莲乡、泉沟台，北到肃南皇城的窑洞、浩塔寺，呈北西向的椭圆形，长轴 70.5km，短轴 47km，面积为 2600km²。其主要特征是：人普遍有较强震感，惊逃户外，部分房屋出现 2cm 的裂缝，瓶子震倒，房瓦掉落，窑洞崩塌。个别院墙和房内隔墙倒塌。

Ⅴ度区：东至桥滩西一带，西到景阳岭，南自大通县北部的南昭山，北至九条岭、皇城一带。呈北西方向椭圆形分布。长度 110km，短轴 87km，面积为 7500km²。主要表现为：多数人有感，跑出户外，屋内墙皮脱落，桌上器物有翻倒掉落，个别院墙有倒塌。

Ⅳ度区：东至珠固一带，西到俄博，南起大通北，北到武威西营、永昌新城子一带。长轴 152.8km，短轴 138.7km，面积为 16600km²。呈圆形公布。主要震害特征是：室内普遍有感，室外人无感，桌椅晃动，桌上器皿响动，悬持物摆动。

Ⅲ度区：面积较大，最远波及银川市，东到兰州市，南至青海共和县。主在表现为：部分人有震感，电灯晃动，烟筒轻微摆动等。

需要着重指出的是：西宁市区地震影响特殊，将其定为Ⅲ度区内的一个Ⅳ度异常区。平房及一楼的人少数有感，二楼以上的人普遍有感，五、六楼以上的人震感较强。行走的人极个别有感。市区南川一带，地震影响突出，青海省机床锻造厂六幢楼房，原来由于地基失效已出现裂缝，受此次地震的影响使原有裂缝的加宽加长并有错位，裂缝处掉土掉墙皮，青海师范学院1959年建造的四层楼房沿窗户产生1m多长、1cm宽的裂缝，最长的达2m；青海省保险公司办公宿舍混合楼两端与房顶处，过厅与走廊接合处产生多组裂缝等等。这些现象出现在Ⅲ度区是异乎寻常的，它与西宁市特殊地理环境，地基土质条件有直接关系。

5.6.3　地震构造背景

此次门源地震发生在门源县城北25km，沿冷龙岭山脊断层上。断层在这里的走向为北西60°，与地震高烈度区的长轴完全吻合。冷龙岭断层属于北祁连断层带中段的组成部分。

北祁连断层带在大地构造上是北祁连加里东褶皱带与走廊边缘坳陷带两个次级构造单元的边界断层带。这条断层带经历了极为复杂的发育历史，不仅在中生代以来控制了两个构造单元的地质任用，并成为现代青藏高原的北部边界和西北地区最著名的巨大地震带之一。

该断层带总体作北西西向分布，西起昌马盆地向东南经祁连北、鄂博北然后大致沿冷龙岭继续向东南延伸至古浪、天祝间分为两支。其北支向东延伸至中卫、中宁以南转为北北西向至固原。其南支由古浪南继续向南东东方向经景泰一直延伸到海原、固原一带，东西延伸长达近千千米。

该断层是一条高地震活动的全新世巨型活断层，在西段发生了1932年昌马7½级地震。形成长达120km的地震褶皱带。东段北支发生了1709年中卫南7½级地震，沿断层已发现的地震破裂带长度当大于60km。东段南支即为海原地震断层，其上发生了1888年景泰6½级地震和1920年8½级海原大地震，并分别形成长30km和达215km的地震破裂带。中段古浪南发生了1927年古浪8级地震和长度大于140km的地震破裂带，这一段我们称它为古浪断层。

古浪地震断层东起大清泰家大山北侧，西经黄羊川，然后沿冷龙岭北侧向近东西向逐渐转为北西西向，至牛头山以西，与发生这次门源地震的冷龙岭断层相接。因此，可以说此次地震是发生在古浪断层的西延伸部分。

这条巨大断层在上述已发生过强烈地震的地段，均表现出明显的左旋走滑性质。横起断层的年轻地层和地貌，特别是晚更新世和全新世以来地层和微地貌被左旋断错，在门源段上，航片显示出现现代冰舌被断错的现象。这样整个断层带除酒泉南班赛尔山以东至鄂博以西的地段目前尚缺少具体资料以外，其他地段均有晚第四纪断层活动的大量地质证据，而上述班赛尔山至鄂博段在卫片上亦有清晰的线性显示。因此，可以认为在这样一条具有行星尺度的活断层带上发生门源地震是有其特定的地震地质条件的。

由于客观条件限制，这次考察未能进入极震区直接追索地震断层，仅在Ⅵ、Ⅶ度烈度区两端对冷龙岭断层进行了初步踏勘。因此，对发震构造，仅能依靠踏勘结果、1/6万航片和1/20万地质图作一可能性判断。

纵穿高烈度区中央的冷龙岭断层带，由3条大致平行相距3~4km的断层组成。它们分别位于冷龙岭山脊及其南北两侧，南侧断层断于奥陶系与二叠系之间，在航片和地貌上显示不清楚。在硫磺沟内见到断层逐渐转为近东西向，同时断层所穿过的硫磺沟一级和二级阶地也未被错开。因此，至少全新世以来，这条断层是不活动的。北侧断层在高烈度区的显示不清，仅在Ⅵ度区西北有部分线性显示，有的同志认为它可能参与了地震活动，山脊中央通过的断层正好穿过了高烈度区的中央，在地貌和航片上有较清晰的线性显示，在硫磺沟内见到明显的断层崖存在于二叠系与志留系之间。在航片上见到现代冰川被错开，经向东追索至红腰岘与 1927 年古浪 8 级地震的破裂带相连接。因此认为这条断层很可能是这次地震的发震断层。这条断层在岗什卡山峰处和牙合煤矿的冰碛平台处可能出现了不连续现象，两点之间的长度为 37km。因此，门源地震可能就发生在这一不连续断层带上。

5.6.4　地震宏观前兆

据考察，1986 年 8 月 26 日门源 6.4 级地震的前兆现象，很不显著。震中区人烟稀少，因气候恶劣，交通极度不方便等原因，考察队未能到达极度震区，震中区的前兆尚不清楚。下面所述前兆现象主要是在Ⅵ度区边发现的部分前兆现象。

1. 动物在震前的反应

（1）距震中 52km 的门源县东川乡（在县城东）震前 10 分钟出现鸡、狗狂叫不止，震后恢复正常。

（2）距震中 50km 的景阳岭八道班，震前 10 分钟左右，道班养的一只看门狗狂叫不止，附近放牧的牛群也乱跑、乱叫。

（3）甘肃省九条岭的沙沟脑震前 7~8 分钟，一匹拴在桩上的马，含草昂头，强拉马绳，惊慌不安；在山坡上拴着放牧的马，亦拼命拽绳。

（4）震前 1 分钟，门源县北山乡红山根出现牛、羊、狗等动物狂叫。

（5）西宁市人民公园养的一头母雪豹处 8 月 20 日至发生地震的当天，不进饲养室吃食物，饲养员以为是病态或是怀孕的反应；还发现黑颈鹤夹着翅膀跑，震后才想到是地震异常。

（6）大泉乡位于六度区，该乡一队一头猪在震前 9 分钟越圈而逃。

2. 地声

在Ⅴ、Ⅵ度区内，震前几秒钟大部分人都听到了轰隆隆的地声。靠近震中的区域，听到从南或北来的地震声；而大通河流域则多听到来处东、西方向的地声。

3. 其他前兆现象

民乐县地震办公室李同志和其他两家的日光灯，自今年 7 月以来自动启辉，其中一家以为是地线、火线在开关上接错了，但经更换开关上的接线上，仍然启辉。震后启辉现象减弱，只有灯管两端发亮。

景阳岭八道班工人反映：地震发生的那天下午 4 时前后，感到特别闷热，震后恢复正常。

另外，民乐县地震办公室李同志的一台七管收音机，在震前半月出现噪音干扰。地震后，于 8 月 31 中午和晚上再次出现更强的杂波干扰（频率为 18~20MHz）。此种异常尚等进一步研究。

据初步了解，甘肃、青海两省的部分前兆观测手段均有不同程度的异常反应。

5.7　1987 年青海茫崖 6.2 级地震

5.7.1　地震概述

1987 年 2 月 26 日，青海省柴达木盆地西缘发生 6.2 级地震。震后根据我省台网资料所确定的地震参数为：

发震时刻：1987 年 2 月 26 日 03 时 56 分 48.9 秒

震　　级：$M_S = 5.6$

微观震中：北纬 37°39′，东经 92°08′

国家地震局确定的基本参数为：

发震时间：1987 年 2 月 26 日 03 时 56 时

震　　级：$M_S = 6.2$

微观震中：北纬 37.8°，东经 92.0°

地震发生后，我局立即组织有关人员组成茫崖地震宏观考察组，于当日赴震区进行宏观调查。

震区位于柴达木盆地西部，此区为人迹罕至的沙漠地带，居民点极少，因而给考察工作带来极大的困难。因种种条件限制，考察小组未能进入极震区。但考察组还是克服了重重困难，尽最大可能完成了考察任务。这次考察访问了 15 个居民点，圈定了 Ⅳ～Ⅵ 度区等震线。依据等震线的几何中心及花土沟台的单台资料推断了宏观震中位置。

此次地震波及冷湖、敦煌、大柴旦、格尔木等地。但没有造成人员伤亡和房屋建筑的损坏。

考察组由预报室李元真，综合室党光明、邹文卫、李正明四同志组成。考察报告由党光明、邹文卫二同志执笔完成，最后由曾秋生副局长审阅定稿。

5.7.2　地震烈度评定

由于极震区位于柴达木西部沙漠腹地，车辆、人员无法进入，考察组未能进入极震区。但据访问此次震感最强烈的两个点：油泉子以北南翌山洼地中的青海石油局 192 地质队和南翌山上的青海石油局 6057 钻井队，圈定了Ⅵ度区（图 5.7 - 1），并据其几何中心和花土沟单台资料及地质构造确定了宏观震中。

圈定的烈度区及震害情况分述于下：

Ⅵ度区：其范围在油泉子北的南翌山和小梁山附近，等震线展布方向为北西向。这一地区由于无居民点，基本上没有建筑物，只有青海石油局的地质队、钻井队等流动单位。我们访问的石油局 6057 钻井队位于南翌山上，其住所为车厢式活动房屋，因此未能反映建筑物的破坏情况。地震时，人均被惊醒，床铺东西向晃动很厉害。在桌子上的电视机几乎被摇下来，位移很大，桌上的墨水瓶被晃到地下。

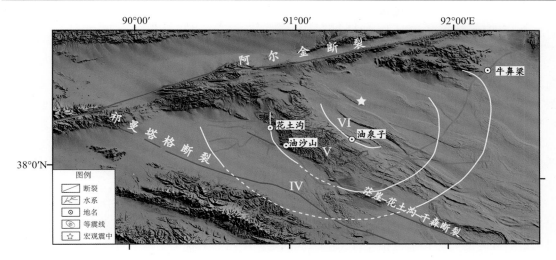

图 5.7 - 1　1987 年茫崖 6.2 级地震等震线图

位于南翌山洼地中的石油忆 192 地质队，住所为卡车活动房屋。地震时只有几名留守人员在家。据反映，地震时东西向晃动剧烈。一水桶中的少半桶水几乎被晃出。人听到地声自西北而来，有如波浪的哗哗声。

上述地区的地表均覆盖有坚硬盐盖，未发现有裂缝、喷砂冒水等地面破坏现象。

Ⅴ度区：其范围南东至茫崖、大风山一带，北西方向由于无居民点而不能确定其位置。大致呈长轴走向为北西向的椭圆形展布。

该区破坏现象主要是房屋产生裂缝和原有裂缝的加长、加宽。个别粘连不好的砖瓦掉落。花土沟电视台为 2 层楼房建筑，因管道漏水造成局部地基坍陷，使楼房出现裂缝，地震时裂缝加长、加宽。电视台机房为砖瓦结构平房，震后出现裂缝。其中走廊的裂缝长 3.7m，宽 2mm。另一条长 6.7m，宽 4.5mm。走廊一侧的库房也出现较长裂缝。电视台单身宿舍为砖瓦结构平房，其中几间房屋原有裂缝在震后扩大。有一裂缝震前宽 3mm，震后加宽到 1cm、长 2m。花土沟其他地方未发现有建筑物破坏情况。电视台建筑物的破坏情况与局部地基不牢固有关。地震时花土沟人感东西向晃动，有一家人挂钟停摆。

老茫崖养路段有一朝西小院门，地震时门框上方的砌砖整个地倾倒在东面院内，除此而外无其他破坏现象。养路段的人反映，发震时人感到头晕、恶心。

另外在老茫崖北 20km 处的茫崖 6 道班，反映震时东西方向摇摆，人听到闷雷似的地声从西往东而过。床被摇移位。

大风山地矿局探矿大队驻地。帐篷住所。地震时人感到东西向晃动，桌上的水杯被震落掉地，据说附近道班有人来此躲避。

Ⅳ度区：为与Ⅴ度区同方向展布的椭圆形。这一地区的人普遍有感，门窗作响，悬挂物摆动。

根据野外考察结果所确定的宏观震中为：

北纬：38°28′

东经：91°22′

5.7.3　地震构造背景及发震构造

1987 年茫崖 6.2 级地震，发生于柴达木盆地的西部茫崖坳陷内。其北面为巨大的北东向的阿尔金走滑断裂所控制，南面为北西西向的昆北断裂带所限。受这两条巨大的断裂控制，尤其是北缘的阿尔金断裂的左旋走滑运动，使得该坳陷内部的构造线方向均受到了很大影响。阿尔金断裂南侧的柴达木盆地相对向北东滑动，北侧的塔里木盆地相对向南西滑支，于是形成了逆时针旋转的应力系统。受这一应力系统的作用导致了柴达木盆地盖层的褶皱和断裂构造与阿尔金断裂呈"入"字形相交。即形成了一系列沿阿尔金深断裂剪切牵引，总体走向北西的弧形构造带。

茫崖坳陷内的构造大体上是以褶皱为主的构造格架。在其内部分布着一系列北西走向的向斜及背斜构造。如油沙山背斜、油泉子背斜、大风山背斜等。这些背斜之间则为一系列向斜构造。区内的断裂构造也很发育，但以北西走向的占绝对优势。这与此地区的就力作用方式是相一致的。茫崖块体内部的运动受阿尔金走滑深断裂及昆北断裂的控制，其运动方式是以垂直运动为主。区内的地貌现象亦说明了这一点，油沙山、油泉子、大风山等背斜构造在地貌上均表现为隆起的山地及丘陵，而向斜构造则多表现为相对的凹陷。使得该区地貌呈现一系列北西向的隆起和凹陷相间分布的特点。

区内的断裂构造也比较发育，大致分为两组：一组是北东向，另一组是北西向。北西走向的一组占绝对优势。规模较大的有油沙山北西向断裂，南翌山北西向断裂及油泉子北西向断裂。这些断裂现代活动性是较强的。1977 年 1 月 2 日在油沙山断裂上发生了 6.4 级中强地震，在地表出现了长达 600m 的地表破裂带。从地层上来看，区内的褶皱均发育于第三系之中，断裂切穿了第三系地层，反映了第三纪末以来的构造活动是比较活跃的。油泉子北侧断裂开及南翌山南侧断裂则明显地控制了这里的地貌界限，即这两条断裂成为油泉子隆起、南翌山隆起与它们之间的相对坳陷区的分界线。这也充分说明了这两条断裂的活动性。

此次地震的宏观震中恰好位于区内的北西走向的南翌山断裂上。这条断裂走向北西、倾向北东，为一逆断层。前已述及其运动方式是以垂直逆冲为主。该断层全长百余千米，在地震和重力资料上均有明显的显示。在这条断裂的北端有两条规模较大的北西西向断裂与其相交。从资料上看出，这些断裂均切到了第三系。同该区的其他断裂一样，该断裂亦为与褶皱同生的压性断裂。这次地震的发生就是这条断裂受到北东—南西向区域挤压应力作用而活动所引起的。

5.7.4　宏观前兆现象

在考察访问过程中，考察组了解到不少宏观前兆现象，汇总如下：

（1）刮风：在访问 6057 钻井队、大风山探矿大队、牛鼻子梁 24 道班、一里沟 5 道班时，人们都反映晚上地震前刮大风。

（2）动物异常：6057 钻井队职工养的鸡地震前一天不吃食。茫崖 6 道班及一里坪养路段的职工反映，地震前一天下午老鼠满院子乱跑。茫崖加油站职工养的小羊羔，半夜临震前叫唤不止。冷湖有人反映当日兔子不进窝。地震前狗吠则为普遍现象。

（3）地光：花土沟有人临震前出屋发现有地光，进屋后就发生了地震。

（4）油井异常：冷湖石油管理局办公室同志反映，震前几天有的油井产量猛增。

5.8 1988年青海唐古拉7.0级地震

5.8.1 地震概述

1988年11月五日唐古拉发生7级地震，截至11月28日，连续出现3~6级余震19次。国家、兰州、西藏和青海地震台网给出的微观震中分别为34.0°N、91.9°E；33.0°N、92.0°E；32.4°N、90.3°E和33.0°N、91.2°E。

当天青海地震局大震应急指挥部副总指挥张闯副局长，立即召开了紧急会议，决定派出唐古拉大震考察队。11月6日上午9时，在张副总指挥主持下，又召集了各指挥及现场考察队员工作会议，考察队正式成立。考察队由邬树学、陈铁流、张瑞斌、李正阳、唐键、赵文玺、刘文新等人组成，综合研究室主任高级工程师邬树学同志全面负责。

此次地震发生在海拔4700~5200m的唐古拉山区，震区人烟稀少（许多地段为无人区），加之天寒地冻，为考察工作带来了极大困难。

发震时间：1988年11月5日10时14分33秒

震中位置：北纬34.25°、东经91.58°

　　　　　青海省格尔木市唐古拉山乡内

震　　级：M_S＝7.0（长、短周期）

震源深度：15km

宏观震中：

极震区烈度：Ⅸ度

震中位置：北纬34.12°、东经92.00°

震源深度：依据烈度与震源深度关系式，求得震源深度为14.2km。

余震分布：

（1）频次：

唐古拉主震发生后，余震强度、频次衰减较快，截至11月28日，共发生大于3.7级的余震19次，其中M_S≥5级地震2次，4级以上14次，3级以上3次（因台站距震区较远，弱记录很少）。

最大余震为11月26日的6.0级地震，其震中位置在主震南西方向近侧。

从主、余震的震级差、余震序列特征综合分析，这次地震为主震—余震型。

（2）余震的空间分布：

余震分布的平面投影大致为椭圆形，东西长135km，南北宽75km，剖面上呈椭圆柱状直插地下。

（3）6.0级强余震与主震的关系：

6.0级强余震的震中位置为：北纬34.3°、东经91.9°，与主震位置非常接近。说明它们属同一发震构造控制。

5.8.2　地震构造背景及发震构造

震区地层自下而上有石炭系、二叠系、三叠系、侏罗系及陆相白垩系、新生界。主体走向为 N60°~70°W。

此次地震发生在青藏川滇"歹"字形构造体系头部中段，东侧发育有莫曲流域的区域东西向构造带，南西方向又有北东向新生代活动断裂。前述三组构造似有在发震区——托托河、通天河沿新生代盆地——交会复合趋势。

"歹"字形头部自南而北包括唐古拉山脊复向斜带、开心岭—囊谦褶断带、托托河—子曲复合向斜带、西金乌兰湖—玉树褶断带及可可西里—曲麻莱复向斜带。褶皱、断裂带及燕山期岩浆带均呈北西西向展布，其中断裂构造具规模大、活动时间长的特点。断裂密集成束，压性为主，顺扭明显。

东西向构造由石炭系、二叠系褶皱、断裂组成，显示压性特征。北东向断裂形成较晚，现今活动性较强。

主干断裂继承性活动强烈而明显。燕山运动以来，北西西向、东西向断裂构造的活动强度有增无减。沿带常常分布有新生代拗陷、断陷盆地，并控制着燕山—喜山其的岩浆分布。断裂带在地貌上形成一系列槽地、沟谷等负地形，现代温泉、冷泉沿带广布，并发育有现代湖盆。从升降高差及切断新生代断陷盆地事实分析，北西西向断裂构造的生趣和水平运动量均较可观。北东向断裂构造活动性明显增强，而成为独立的构造型式。在唐古拉山脊北坡，沿断裂出现第四纪断陷和现代湖盆，主干断裂并控制着喜山期火山岩分布的东部边界。

余震及等震线分布资料表明，发震断裂走向应为 N60°~70°W，倾向北北东，倾角中等。

此次地震宏观震中又恰好落在雁石坪断裂带的北部。断裂带走向北西西，倾向北东，与前述资料相符。断裂带西起乌兰乌拉湖，工经囊谦出省而进入四川省内，呈断续弧形展布。区内至托托河一带而消失，长近 200km，由两条斜列断层组成。其挽近活动强烈，两断裂间夹持着二叠纪、侏罗纪隆生地块，南北两侧为新生代断陷谷地，两者高差最大达 500m，说明新生代以来垂直运动量较大。从断裂切断新生代谷地及两条断裂的排列方式分析，又具右旋扭动之特征。北侧断层的北西及南东端部于是 1952 年和 1967 年曾分别发生了 5.7 级、4.6 级地震。

综上所述，雁石坪活动断裂带具有强烈新活动性，为此次地震的发震构造。

5.8.3　地震烈度评定

该地震发生在人烟稀少的唐古拉山北坡，极震区没有建筑物，震害主要是出现基岩崩塌现象。Ⅵ度、Ⅴ度区的青藏公路通过地段零星分布有养路道班、兵站及居民点、除旧房、危房出现墙皮脱落、墙壁裂缝等破坏现象外，没有造成重大的经济损失。

根据对极震区的考察及外围烈度调查资料，将此次地震极震区的地震烈度定为Ⅸ度，并圈定了Ⅷ、Ⅶ、Ⅵ、Ⅴ各烈度区分布范围（图 5.8-1）。现就各烈度区特征及其震害情况分述于下：

Ⅸ度区：为此次地震的震中烈度。其范围北西起 4980 高程点西侧，南东到挪日旁川以东地区。长约 6km，宽 3km，呈北 60°西方向展布的椭圆形。区内出现了大规模的基岩崩塌

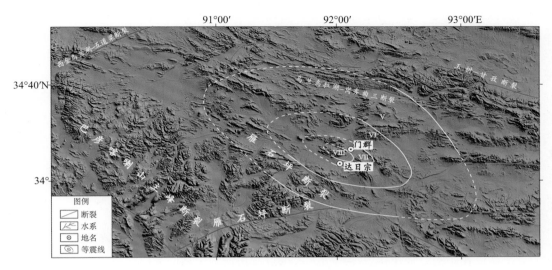

图 5.8 - 1　1988 年唐古拉 7.0 级地震等震线图

现象。山脊北坡实地考察发现，虽然山顶至山腰最大坡度仅为 30°左右（小者 15°～20°），但基岩块体在此次强震过程中，下滚最大距离达 650m，一般在 300m 以上。满山遍野的基岩碎块呈北西西向展布，长达近 6km。主脊南坡，此次考察未能到达现场，但据达日宗一牧民介绍，也是"满山遍野滚石头"，其基岩崩塌量不亚于北坡。此次基岩崩塌岩块大者为 0.85m×0.5m×0.4m，一般 0.2m×0.15m×0.15m。地震时并出现牦牛群体惊逃及牧民被摔倒现象。

Ⅷ度区：西起郭仓枪马龙巴，东到扎格走马，长轴约 26km，短轴 9km，亦呈椭圆分布，长轴走向 N65°W。门群一带，地震时牧民帐篷强烈抖动，帐篷里的碗、手电筒等物被摔到地上，米炉上水壶里的水泼洒满地，炉子、烟筒强烈振动并发出有节奏的响声。门前拴着两匹骑马，地震时挣脱缰绳惊逃出去。人员行走困难，头昏恶心，有被摔倒之感。当时牧民还听到隆隆的地声。

Ⅶ度区：北西方向推测可达战马目基日，南东达 90 道班以西，呈椭圆形展布，长轴走向 N70°W，长 56km，短轴宽 21km。因该区无人居住和放牧，等震线大多是依据相邻两条等震线的展布趋势进行圈定的。

Ⅵ度区：北西到玛章错钦以西的斜日贡尼曲，南江达唐古拉山乡，90 道班以东地区。长轴走向 N70°W，长 113km，短轴方向宽约 53km，为椭圆形。

青藏公路上的托托河为唐古拉山乡政府所在地，人口较为密集；托托河以南又有 90 道班，那里的居民对 11 月 5 日唐古拉 7 级地震记忆犹新。当时室内电灯大幅度摇晃，门窗响支，床、沙发摆动，窗台上搁置的物品个别滚落到地上。

在这闪地震中房屋受到轻度损坏。如托托兵站新建办公楼和招待所大楼，新泥墙壁出现多条细小裂缝，最大长度 1m，宽仅 0.1cm；唐古拉山乡政府 1967 年建筑的土木结构的平房，个别墙上出现裂缝、或昔日裂缝加大、墙皮脱落、顶篷落灰等现象。裂缝最长 1.7m，最宽可达 2cm。

　　Ⅴ度区：西自乌兰湖以东，东到子曲上游，为北西西走向的椭圆。长轴走向 N70°W，长约 220km，短轴方向宽近 110km。区内居民较少，据 84 道班、93 道班访问调查资料，地震时多数人从梦中惊醒（道班工人起床较晚），感觉床来回摆动，门窗发出响声，电灯摇摆不定，室外个别人对此次地震没有感觉。

　　另外，在 97 、99 道班（即Ⅳ度区，本烈度区未圈定），危房原有裂缝在地震时出现加长、加宽及围墙上出现细小的新裂缝。

5.9　1990 年青海茫崖 6.7 级地震

5.9.1　地震概述

　　1990 年 1 月 14 日 11 时 03 分，青海省西北部茫崖地区发生 M_S6.7 地震。地震波及青海省的老茫崖、花土沟、茫崖镇、冷湖镇、大柴旦、锡铁山、乌图美仁、格尔木、德令哈、甘肃省的敦煌及新疆的若羌等地区，地震基本参数见表 5.9 - 1。

表 5.9 - 1　地震基本参数

编号	发震日期	发震时刻	震中位置		震级	震源深度
	年．月．日	时：分：秒	北纬	东经	M_S	（km）
1	1990.01.14	11：03：21.3	37°40′	91°52′	6.7	35

极震区烈度：Ⅷ

宏观震中：北纬 37.8°，东经 91.9°

震源深度：34km（据等震线推算）

5.9.2　地震构造背景及发震构造

　　此次地震发生于柴达木准地台北部。其南级有昆北断裂带、祁漫格断窖褶带与昆仑褶皱系相隔；北缘有阿尔金断裂带与塔里木盆地相邻；其内部有大风崇山峻岭—里沟凹槽、老茫崖—油沙山隆起和孖斯库勒湖断裂。宏观震中则位于老茫崖—油沙隆起之中。区域主要构造简单描述如下：

　　昆北断裂带即格尔木—那棱格勒河隐伏断裂；西起新疆库木库里盆地，东经那棱格勒河、格尔木附近分为东西两段。

　　东段地表未见出露。磁力、重力异常清晰，线性特征突出，构成梯级带。地表观察表明，西侧地质体分布不同，北侧为达木准地台，南侧为昆仑崇山峻岭北坡断隆。西侧地貌反差大，山岳与盆地对峙，界线平直，并发育残崇山峻岭。早更新世以来侧剧烈抬升，并向北逆冲于柴达木盆地之上。

　　西段处于半隐伏状态，构成祁漫塔格断褶带与昆仑山北坡断隆的分界。断裂于那勒河被第四系覆盖。卫片反映那陵格勒河谷呈直线关延伸，南岸似刀切一般。

祁漫塔格断断带位于震中以南，走向北西。带中断裂构造发育，主要断裂与山体走向一致，倾向北东。据航卫片解译，主要断裂在地形上为正负地形接合带，色调差异明显断坎清晰笔直。东段第四纪冲积扇前缘形成平切断坎，形迹表明，该带第四纪活动强烈。

阿尔金山断裂带位于区域北部的阿尔山，呈北东向延展，是区域大规模左旋走滑断裂。构造形迹笔直延伸，切断阶地、冲沟、洪积扇、湖沼，并发育地震鼓包。该断裂全新世活动强烈。

尕斯库勒湖隐伏断裂：位于震中南几千米，地形未见出露。北西起尕斯库勒湖西，南东延至乌图美仁。呈北西向延伸，倾向北东。具逆掩断裂性质；北东盘第三系覆于南西盘第四之上。

大风山—里沟凹槽位于老茫崖—冷湖之间，呈北西向延展，发育于第三系之中，槽底深32~34km，基底可能为浅变质碎屑岩。

老茫崖—油沙山隆起南东起甘森经老茫崖、油沙，北西端于新茫崖附近与阿尔金构造带斜交。走向与祁漫塔格山、大风山——里沟凹槽平等，呈北西向展布。发育于第三系之中，由诸多背斜组成。

从上述构造形迹的走向及性质推知，区域构造主压应力应为北东向。又根据，1963年乌图美仁5级地震和1977年茫崖6.4级地震的震源机制解，P轴方位均为22°，得知，区域主压应力场为北北东。

值得指出，震区南侧的昆北断裂、祁漫塔格褶断带与北侧阿尔金断裂带是控制柴达木盆地的深大断裂，其活动方式及强度直接影响着发震构造。

此次地震的达观地形破裂发育于中新统粉砂岩之中，长达99m。平面形态呈规则锯齿状，总体走向N60°W左右。由两组相交破裂组成：其一走向N60°E左右，裂缝较宽，显示为张扭性；另一走向N60°W左右，裂缝较窄，显示为压扭性。平面组合型式反映出此次地震压应力轴方位与前述北北东向区域主压应力基本一致。

众所周知，地震宏观地形破坏是基底发震断裂形态的直接反映。综上所述，结合地表量得破裂水平反扭错位4cm和北东盘上冲1cm的事实表明，发震构造是一条呈北西走向倾北东的压扭性断裂。

震中裂缝恰处于老茫崖—油沙山隆起带内。据青海省石油管理局方面介绍：该带构造特征为两断夹一隆，即每一褶皱两翼伴生断裂。两侧断裂相倾斜，向下逐步并为一条。地震勘探表明，该带基底埋深18~22km，且断裂构造发育，断裂密度和规模明显高于盖层。

此带是柴达木准地台内部地震多发区之一，时有中强地震发生。例如，1977年1月2日6.4级地震，宏观震中位于油沙山附近；1987年2月26日6.2级地震宏观震中位于南翌山附近；此次6.7级地震，宏观震中位于老茫崖以东。三次的等震线长轴方向均与构造走向基本一致。

简言之，不论是构造展布形态、褶皱与断层走向、构造特征，还是震中分布特征、等震线长轴方向，皆显示出它是由多条规模较小的断层断续延伸组成的、达木盆地内部活动较强的构造带。恰是这一特征，更利于应力集中，即多处存在断层障碍点易于中强地震的孕育。又由于受阿尔金和昆北两巨大活动断裂带的影响，使其能在较短时间间隔积累足够应变能而发生中强地震。

5.9.3　地震烈度评定

此次地震等震线呈椭圆状分布，最内等震线长轴走向为 N39°W，与发震构造走向基本一致，等震线分布特征见表 5.9 - 2。

表 5.9 - 2　等震线参数表

烈度	长轴 2a（km）	短轴 2b（km）	面积（km²）	a/b	长轴方向
Ⅷ	42.5	13	434	3.27	N39°W
Ⅶ	112	50	3964	2.24	
Ⅵ	200	95	10524	2.11	
Ⅴ	310	205	34990	1.51	

现将各烈度区分布及震害情况分述如下：

Ⅷ度区：为此次地震的极震区。震中区出现长约 100m 的地裂缝，走向在 N30°W ~ N70°W，总体走向与极震区长轴方向基本一致。地裂缝呈缓状或锯齿状曲线展布，，除其两端稍受地貌影响餐，大部分由发震构造形成。裂缝最大宽度 15cm，西北端石体出现崩裂、滑塌，震中附近多处分布有滚石和塌方，最大滚石约 2m³。极震区岩性多为第三系半胶结的黏土岩、砂砾岩或细砂岩。

Ⅷ度区内主要建筑为青海石油管理局所属花土沟—格尔木石油输油管线茫崖泵站。该站主体建筑按Ⅷ度设防标准设计。地震后，厂房墙体普遍开裂，破坏严重。拖泵机房三根钢筋混凝土立柱横向错断，隔墙两根立柱裂断开裂，其东山墙墙体向外倾斜约 2cm；阀室右倾柱震断错位；锅炉基础裂缝并移位；发电机房东山墙出现歹字形裂缝；加热锅炉底脚螺丝扭弯（直径 2cm），加热炉烟囱倾斜；两个 100t 隼油罐（满载）水平位移 4cm；院内东西向围墙倒塌约 50m。

地震时，该泵站人员震感强烈，纷纷惊逃户外。

此外，泵站东北约 2km 处一砂砾石组成的小山包出现滑塌，滑塌线长度约 35m，最大宽度 7cm；附近大面积发育裂缝，其呈网格状分布。

Ⅶ度区：老茫崖和石油局所属茫崖水站是该区主要建筑，茫崖养路段第一、第二道班也在此区内。

老茫崖：石油局运输站内一黏土连接的砖墙倒塌，食堂砖结构烟囱断裂并顺时针扭转 9°；食堂碗柜中摞起的碗震落地下摔碎；小卖部货架上直立的酒瓶震落地下；职工宿舍墙体多处开裂，最大裂缝宽 1.2cm，长约 5m；墙体原有裂缝普遍扩大、加长。地震时有多人在食堂进餐，惊慌外逃时门受夹挤而难以打开。此外，老茫崖东约 2km 处因震动使失稳山体发生塌方，据目击者称，当时从老茫崖看去该处尘土飞扬，犹如放炮一般。

石油局茫崖水站：1989 年建砖混结构发电机房墙体多处开裂，最宽处达 2.5cm；水泵房顶梁与砖柱错位；院内地面及房前砂石公路上有裂缝分布，最长约 5m，宽 1cm，其走向为 N30°W。地震时人感觉波浪似的振动，站立不稳，水桶中的水被晃出，暖瓶摔倒。

茫崖养路段一道班：位于黄瓜梁与油墩子之间。该道班垴砖木结构宿舍中不结实墙皮被震落，砖墙上有小裂缝出现；车库铁门铰链焊接处被震断开焊，铁门与砖柱脱离。据道班工人反映，地震时先听到地声从西向东而过，躺卧在床上的人难以起身，电灯剧烈摇晃。

茫崖养路段二道班：位于老茫崖北 20km 处。地震时人站立不稳，有像触电一样的感觉，置于方凳上的茶缸震落掉地。

Ⅵ度区：主要建筑为花—格输油管线甘森泵站。此外，距震中约 160km 的茫崖石棉矿，是在正常的 Ⅴ度区背景上出现的一个 Ⅵ度异常区。

甘林泵站：位于茫崖泵站东南约 70km 处。

该站 1986 年新建的砖混结构建筑未发现明显破坏；人的震感强烈，部分惊逃户外，坐在"小五十玲"汽车中的人感觉汽车似被掀动；一单线吊置的电灯被晃到天花板上碰碎；机房中的凳子、暖瓶等剧烈晃动。

茫崖石棉矿矿区：砖混结构的机修厂翻砂车间北墙多处裂缝，其中最大裂缝宽 4cm，长 5m；此外，一万二选矿厂主体厂房、劳动服务公司炼油厂厂房、水电厂食堂餐厅等建筑均有不同程度的破坏；平房住宅普遍出现裂缝或原有裂缝扩张，有的基础下沉，墙体倾斜，已濒于倒塌。

石棉矿生活区：1986 年修建的 3 层砖混结构宿舍楼，震后大部分位于二层以上的房间出现裂缝或原有小裂缝扩展，一樊姓居民家住三楼，裂缝贯穿居室四周，最大宽度 0.8cm；土坯平房普遍有破坏，原有裂缝加宽、加长，其中最大裂缝宽达 10cm，一朱姓居民所住土坯房有五根木檩条被折断。

Ⅴ度区：主要居民点有花土沟、乌图仁、一里沟等。地震时室内人普遍有感，少数人感到头晕、恶心；门窗发出声响，电灯晃动，鱼缸中水摇晃，土坯墙体掉土、疏松，墙皮掉落。

此次地震灾害损失，据青海石油管理局、国家建材局茫崖石棉矿、海西州驻花土沟工委等部门的初步统计，有 10 余万平方米的建筑物受到中等以上程度的破坏。

此次地震没有造成人员伤亡。

5.9.4　前兆现象

由于此次地震震中附近人烟稀少，给全面的宏观前兆现象调查带来了困难。现就收集到的为数不多的宏观前兆象介绍如下：

（1）落户崖养路段第一道班周围，震前两天盐碱地大面积返潮，震后很快消失。

（2）据老茫崖食宿站和茫崖石油泵站职工反映，地震前一天刮起罕见大风，风沙遮住了平日清晰可见的昆仑山。

（3）地震凌晨 3 点左右，花土沟一正在油罐上作业的工人看见油沙山方向有蓝光一闪而逝。据了解，当时没有电焊作业。

（4）在震前一天的下午或晚上，还有一些动物异常现象，主要有：甘森石油泵站职工养的 1 只鸟烦躁不安，乱钻乱撞；茫崖石油泵站的狗狂叫不止；花土沟一工人所养的金鱼漂浮水面；茫崖石棉矿生活区一职工所养的鸡不进窝等。

（5）地震前数秒钏，震区大多数人都听到有隆隆的地声。

除上述宏观前兆现象外，震前格尔森台的地磁分量、水氡，香日德台的地倾斜等都有不同程度的异常。

5.10　1990 年青海共和 7.0 级地震

5.10.1　地震概述

1990 年 4 月 26 日 17 时 37 分在青海省海南藏族自治州共和县与兴海县之间 7.0 级强烈地震。极震区地震烈度为Ⅸ度，地震波及青海全省及甘肃的兰州、武威、张掖等地区。此次地震是青海省 20 世纪以来破坏和损失最大的一次，灾区人民生命财产受到重大损失，极震区的国营塘格木农场、河卡乡的红旗村、铁盖乡等被夷为平地，变成一片废墟；受灾最严重的共和、兴海、贵南三县广大地区及龙羊峡水电站地区，损失也极为严重。

发震时间：1990 年 4 月 26 日 17 时 37 分 12 秒

微观震中：北纬 36°07′，东经 100°08′

宏观震中：北纬 36°05′，东经 100°05′

震源深度：30km

震级：$M_S6.9$

震中烈度：Ⅸ度

据全国台网报告：

震中位置：北纬 36°04′，东经 100°39′

震源深度：32km

震级：$M_S=7.0$ 级

震源机制解：

国家地震局分析预报中心收集了 50 多个地震台的 P 波初动资料确定的主震震源机制解参数如表 5.10－1；兰州地震研究所收集 40 个地震台的 P 波初动资料确定的主震震源机制解如表 5.10－2。震源机制解表明该地震是一次在近乎直立的断面上的走滑运动。A 是左旋运动性质，B 是右旋运动性质，目前尚不能确定哪个面是发震面。

表 5.10－1

	走向	倾角	仰角	倾向
A 节面	86°	73°		北
B 节面	354°	81°		东
P 轴	39°		17°	
T 轴	131°		4°	
B 轴	236°		73°	

表 5.10－2

	走向	倾角	仰角	倾向
A 节面	82°	90°		北
B 节面	352°	78°		东
P 轴	37°		9°	
T 轴	128°		8°	
B 轴	273°		73°	

地震考察报告的编写人员为张闯、张晓东、涂德龙、杨明德、李元真、邹文卫、孙洪斌、宋文玉、张雅玲。

5.10.2　地震构造背景和发震构造

1990 年共和 7.0 级地震震中位于青海省共各盆地的西南边缘。由于盆地中广泛分布关晚第四纪以来的松散堆积物，致使此地震的发震构造及空间展布形态，在地表上没有明显出露。然而从此次地震的烈度及等震线分布特征来看，显示了走向北西的特点。同时受北北西向构造的控制，这与宏观震中附近的北北西走向的盆地南缘隐伏断裂带和英德海湖、更尕海湖西侧的北北西向第四纪晚期隆起带相吻合。

正面我们就从地震发生的地质构造环境和发震构造的活动特征分别加以讨论。

发生此次地震的共和盆地，位于祁连、昆仑两大山系之间。地层属南秦岭褶皱带西端部支褶皱系的组成部分。盆地北部青海南山属构造体系的南带；南部为秦岭—昆仑纬向构造带的北亚带；北北西向构造带（河西系）以隆拗变形的构造形式叠加其上，构成相当复杂的构造背景。从共和盆地的空间展布形态以及盆地基底的破裂网络来看，共和盆地的生成和发展主要受到了上述三级构造带的复合控制作用。

共和盆地是第三纪以来所形成的断陷构造盆地。其北侧、西侧和东侧均受断裂控制。盆地中主要中新世以来的沉积，中新纺以、早更新统为河—湖相堆积，沉积厚度大于 1000m。当时的沉降中心位于沙珠玉河一带，大致呈东西向展布。上新世与更新世之交，随着续向构造带活动的逐渐衰竭，共和盆地受构造体系南部拗陷　叠加复合，盆地面东南方向扩张。然而盆地北部沙珠玉河—共和一带受纬向构造的制约而局部仍呈现东西方向展布的地貌形态。早更新世末到中更新世初期的构造运动，在共和盆地和贵德盆地之间形成一条北北西向的瓦里汞山断隆，使一度统一的湖盆一分为二，导致了共和盆地的最后定型。晚更新世以来随着北北西向构造带活动加剧，盆地中次级隆起凹变形带开始形成，一些早更新世时期所形成的湖相地层被挤压隆出露地表。这反映了晚更新世时期盆地基底的变形方式，主要受到北东东向主压应力场的作用。

大致在盆地最后定型的同时，盆地南北两侧新的凹陷开始形成。由切吉沟沟口—直亥买沟一线水文地质钻孔揭示，沙珠玉一带受两侧断层控制，大致呈东西向展布的隆起形态，两侧凹陷内沉积了中更新世早基冰碛和冰水堆碛地层，其后随着中更新世晚期盆地内部升降差异运动逐渐减弱，盆地整体下落，盆地南缘隐伏断裂持续活动构成盆地南侧山体之间断块地貌的分界。

全新世以来，盆地南缘隐伏断裂带两的隆升与下降地块受到北北西向隆凹变形带的叠加复合，两构造带凹陷叠加部位构成现今盆地沉降中心位于塘格木农场北侧的更尕海湖一带。该凹陷与南部叠加隆起部位之间，构造现今隆升运动的不均衡性，是此次 7.0 级地震得以形成的地质构造环境。

共和盆地南缘隐伏断裂带，西起茶卡盐湖南部，向东南方向大致沿着丘陵及洪积台地边缘，经哇玉香卡农场北侧、新哲农场南侧和塘格木农场冲积盆地边缘，穿过黄河后，终止于茫拉河谷一带，该隐伏断裂带，目前已为水文地质钻探资料和物探电测深资料所证实，它对盆地边缘南北两侧的地貌形态有明显的控制作用，总体表现为南升北降的特点，并控制了晚第四纪以来的地层分布。

该断裂带西段在地貌上有明显的反映，断层南部山前，多由晚更新统上部冲积物（Qp_3^{2pl}）构成洪积台地，或由中更新统下部冰碛物（Qp_2^{1gl}）组成的丘陵地形，沿洪积台地及丘陵地形的边部成为与山前倾斜平原的地貌分界。该断裂段是盆地南缘凹陷的主要控制断层，凹陷主要堆积了中更新统下部冰碛及冰水堆积。晚更新世该断层段也有明显的活动迹象。

位于断裂带中部的塘格木农场一带，由中更新世时期处于横向隆升地段，缺失中更新统堆积，断层主要切割了早更新世河湖相沉积地层。

该断裂带东段，地貌上没有明显的显示，但通过航、卫片解译资料，可大致判断其与共和盆地茫拉河谷呈线性连接关系。由茫拉河谷所展示的左张性裂谷形态来看，断裂带到此已属端部位置。

断裂带由上述地质剖面证实，断面产状较陡，近于直立。但总体向南西方向倾斜而具逆断层性质。该断裂带在晚更新世之前活动强烈，控制了盆地南部地貌形态。但全新新世以来，沿断裂带差异活动有着明显的减弱趋势。如断裂西段的哇洪河口一带，断裂带的主要地貌形态，被流水作用冲蚀和夷平，致使断裂的扭性及两侧升降关系已无迹可考。此次 7.0 级地震的发生，是否预示了该断裂带经过长期的平静之后，开始了新的活动时期，有待进一步研究，就引起地震预报部门的关注。

北北西向次级隆凹构造带的地表出露位置，主要是根据第四纪地层分布情况来判定的。在此次地震宏观震中附近，沿龙古塘—英德海—塘格木农场一线，早更新统湖相沉积呈北北西向带关出露，表明有一北北西向基底挤压隆起带分布，并在塘格木农场附近与盆地南缘北西向隐伏断裂带复合。由于该隆起构造带强烈的挤压变形作用，造成断层复合部位闭锁，可能是本次地震发生的主要构造特点。

5.10.3　地震烈度评定

1990 年共和 7.0 级地震发生在新生代共和盆地之内。由于建筑物抗震性能差及场地土质条件松散，震害十分严重。根据对极震区及外围地区的烈度调查资料，结合当地的地貌环境、场地条件和建筑物的结构特征，圈定了此次地震Ⅸ～Ⅴ度区的范围（图 5.10－1）。现将各烈度区分布及主要震害分述如下：

Ⅸ度区：为极震区，位于塘格木农场场部及农场一大队、砖柱土坯结构平房全部倒平；砖混结构的楼房和平房严重破坏，其中有少数的同结构房屋部分倒坍。如农行 2 层砖混结构楼房，虽然楼房的整体结构基本完好，但墙体已震酥松散，裂缝宽达 5～7cm；；场部大礼堂正面左上倒坍，后墙和屋顶部分倒坍；一座仅 4m² 的砖结构水房屋顶塌落，墙体上部顺时针扭错了 9～12cm。修造厂、精炼油厂、农科所、邮局、一大队中心监狱等砖混结构建筑均遭到严重破坏和部分倒坍，河卡乡红旗村 324 间木架土墙结构的房屋全部倒平；12 间严重破坏。此外，生命线工程也遭严重破坏，陷于瘫痪。

Ⅸ度区内地面裂缝十分普遍，但多受地形及策略影响无一定方向性及特定的组合形态。如场部西北角，一条断续延伸 150 余米的地裂缝带，总体走向 N300°W，将一田埂顺时针水平断错 10cm，估计为构造裂缝，但不是主裂缝，土崖普遍出现滑坍现象。

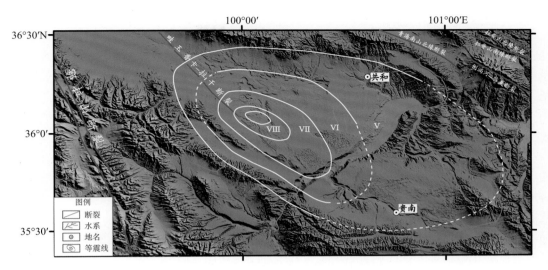

图 5.10-1　1990 年共和 7.0 级地震等震线图

Ⅷ度区：位于塘格木农场二大队、场部北部的雪仁及东南方向的新铁盖乡政府、英德尔乡一带。该烈度区长轴走向 N307°W，呈规则形状的椭圆，面积 300km²。

位于本烈度区边缘的农场二大队，砖柱土坯结构平房严重破坏，其中部分倒坍及全部倒平的约占 50% ～ 60%；一座砖混结构的水房，西南角倒坍，队部大门砖柱扭曲，约在半米地方，上部对下部顺时针最大扭错 14cm。

公路叉道口处的新铁盖乡下令所在地及附近的坎木寺和北部的雪仁、阿扎松、老口等处的牧民散居点，土墙木顶结构房屋约占 80% 全部倒平。其余的也遭到严重破坏；土墙羊圈及土院墙倒坍 80% ～ 90%。铁盖乡供销社一座砖木结构房屋东北角倒坍，房顶塌落；砖柱土坯结构的库房，砖柱扭曲变形，土坯墙体倒坍。

Ⅶ度区：北西方向以农场三大队为界；东南越过黄河包括克周、拉千两地；北抵更尕海南界；南靠宁曲到河卡滩北侧一线，总体构成略向北东凸出的不规则椭圆，长轴方向北西 317°，面积 1485km²。

该烈度区内的塘格木农场三大队，砖柱土坯结构房屋 40% 倒坍，其余的 60% 房屋中，多数属中等破坏，少数有轻微损坏。该处一座 4m² 的砖混结构水房，墙壁普遍开裂，最宽处达 4cm。

靠近Ⅶ度区边缘的农场四大队，砖柱土坯结构的房屋均有轻微损坏，房顶烟囱大部分倒坍；队部 6 间土坯窑洞式结构房屋后墙及部分窑顶坍塌，但砖混结构房屋基本完好。

Ⅶ位于度区内的铁盖乡桑俄达日吉郎寺，拉千村及其更尕海一带的牧民散居点和黄河南岸位于二级阶地面上的克周村，土墙木梁结构房屋，由于房梁与土墙之间的稳固性及土墙的承载力均较差，该类房屋部分全部倒平；木架土墙结构房屋，房架完好，但土墙部分倒塌；这一地区的土院墙土羊圈，大部分倒塌，拉才村小学去年新建的 8 间砖木结构房屋屋脊变形，50% 的房瓦及屋檐震落，墙壁啮合处、房梁支承点处及窗户上沿均产生裂缝。位于黄河南岸的巴仓农场拉千电灌站，4 间砖混结构房屋两侧墙体部分倒塌，水泥浇铸的蓄海洋污染池底部裂开。

这一地区震感强烈，地震时人站立不稳，商店里的部分商品垮落，电杆及高压线强烈摆动；黄河水从中间劈开并漫过滩地，黄河沿岸雾气四起，2分钟后笼罩了整个黄河谷地；更尕海湖沿岸一带以及克周村黄河滩地处，多处可见地表裂缝及喷沙冒水现象。据克周村民介绍，地震时水柱高达2m左右。

Ⅵ度区：北以仰塘水库工地与河珠玉乡一线为界，南到河卡乡、上游村与巴仓农场相连，总体构成略向北凸出的不规则椭圆，长轴方向 N316°W，面积 4536km²。

位于烈度区内的塘格木农场五大队、公路七道班、马占汉村牧民散居点，砖柱土坯结构的房屋基本完好；土墙木梁结构房屋部分山墙及屋顶有坍塌现象。河卡乡政府所在地，经抗震加固的砖混结构粮库，墙壁出现裂缝，木梁有轻度位移，2m高的粮垛倾倒，，粮库正面女儿墙倒塌，砖混结构楼房顶烟囱错位10cm。白龙村木架土墙结构房屋中，不稳定的土墙有局部倒塌现象。沙珠玉乡9个自然村沿沙珠玉河呈东西向分布，其中靠近醑的7个自然村有不同程度的轻微损坏。抽样调查表明，砖柱土坯结构房屋，砖柱土坯结合处多数裂开。房梁与墙体的支承点处、窗户上沿均有裂缝及墙壁抹灰层开裂现象。房顶烟囱30%倒坍，除乡医院5间房子后墙倒塌和沿街个别商店女儿墙倒塌外，该类房屋属轻微损坏。乡中学的砖木结构房屋基本完好。该乡农民居住的木架土墙结构房屋，仅少数旧房部分倒塌。

该烈度区内仰塘水库工地河滩上，地震时出现多处地表裂缝和喷砂冒水现象。裂缝最宽处可达7cm；喷沙孔直径最大者可达1.5~2.0m。沙珠玉河南部山体地震时有较大面积崩塌和山石滚落。

Ⅴ度区：该烈度区包括人口较密集的共和县城、贵南县城和新哲农场在内的广阔区域，总体为一两端不对称的椭圆，长轴方向与极震区轴向趋于一致为 N298°W，面积为 11004km²。

该烈度区内的共和县城、贵南县城、卓曲村、河卡山北侧道班、新哲农场10等个地点，地震时人们普遍强烈有感，大多数人中跑出户外，人感站立不稳，部分人感到头晕事业心；人们还普遍感到门窗、电杆、家具等摆动，商店里个别商品有掉落现象。这一地区砖混结构楼房，墙壁有细微裂缝，个别建筑质量较差的平房受地形及场地条件影响，有较严重损坏，少数土院墙上部有倒塌，恰卜恰镇有1%的砖混结构楼房和3%的砖木、土木结构平房有中度或轻微破坏。

Ⅵ度异常区：在Ⅴ度区范围以内的龙头峡电站附近以及沿库区南部的沙沟乡范围内存在着一个Ⅵ度异常区。龙羊峡电站土地的简易平房裂缝较严重的有100多间，其中有20余间危旧房屋倒塌，库体周围有局部滑坡现象。另据贵南县政府的调查资料，该县沙沟乡14个自然村都有不同程度的损失，包括由库区新迁居住点的汪什科村、查纳村、官塘村和查纳寺院、德茫水库工地、房屋普遍裂缝变形。汪什科村80~90的房屋有不同程度的损坏；德落户水库工筑坝体裂缝，渡槽管道震裂，南北两面山体滑坡150余米。

在龙羊峡库区范围内，产生烈度异常影响是一个值得重视的问题。我们初步认为，这与此枢建筑多在黄河边坡地基水库蓄海洋污染后，千万地下水位上升引起场地介质条件松弛、沙土液化等特殊条件有关。

5.11　1994 年共和 6.0 级地震

5.11.1　地震概况

1994 年 1 月 3 日 13 时 52 分，青海省海南藏族自治州共和县内的塘格木农场附近发生 6.0 级地震。由于此次地震发生在 1990 年 4 月 26 日 7.0 级地震震中附近，属 7 级地震的一次最大强余震，使得曾遭受地震破坏的老灾区，再次受到强度破坏。

根据青海省地震台网测定，此次地震的基本参数为：

发震时间：1994 年 1 月 3 日 13 时 52 分 31.2 秒

微观震中：北纬 36°40′，东经 100°09′

震源深度：28km（石川法定）

震　　级：$M_S = 6.0$ 级

宏观震中：北纬 36°02′，东经 100°05′

震中烈度：Ⅷ度

根据兰州地震研究所新整理的 P 波初动资料，求得此次地震的震源机制解参数如表 5.11 - 1 所示。

表 5.11 - 1　共和 6.0 级地震震源机制解参数

节号 Ⅰ（°）			节号 Ⅱ（°）			P 轴（°）		T 轴（°）		B 轴（°）	
走向	倾向	倾角	走向	倾向	倾角	方位	仰角	方位	仰角	方位	仰角
160	249	89	72	340	45	34		235		161	

5.11.2　地震构造背景及发震构造

由地震发生的宏观震中位置，地震等震线的展布形态和地面裂缝带的空间分布，均已表明，此次 6.0 级地震和 1990 年 7.0 级主震均发生在同一构造位置及同一断层之上，即共和盆地南缘隐伏断裂带。

共和盆地南缘隐伏断裂带，西起茶卡盐湖南部，向东南方向大致沿着丘陵及洪积台地边缘，经哇玉农场北侧，新哲农场南侧和塘格农场冲积地边缘，穿过黄河后，终止于茫拉河谷一带。该隐伏断裂带，目前已为水文地质钻探资料和物探电测深资料所证实，它对盆地边缘南北两侧的地貌形态有明显的控制作用，总体表现为南升北降的特点，并控制了晚第四纪以来地层的分布，该断裂带西段在地貌上有明显反映，断层南部山前，多由晚更新统上部冲积物构成洪积台地，或由中新统下部冰碛物组成的丘陵地形的边部成为与山前倾斜平原的地貌分界。该断裂带是盆地南缘凹陷的主要控制断层，凹陷中主要堆积了更新统下冰碛及冰水堆积。晚更新世时期该断裂带也有明显的活动迹象。

位于断裂带中部的塘格木农场一带，由于更新世时期处横向隆升地段，缺失中更新统堆积，断层主要切割了早新世河湖相沉积地层。该断裂带东段，地貌上没有明显的显示，但通过航、卫片解译资料，可大致判断其与共和盆地茫拉河谷呈线型连接关系。由茫拉河谷所展示的左阶张性裂谷形来看，断裂带到此已处端部位置。

断裂带由上述地质剖面证实，断面产状较陡，近于直立，但总体向南西方向倾斜而具逆断层性质。该断裂带在晚更新世之前活动强度，控制了盆地南部的地貌形态，但全新世以来，沿断裂带差异活动有着明显的减弱趋势。如断裂西段的哇河口一带。断裂带的主要地貌形态，被流水作用冲蚀和夷平，山前倾斜平原有向南部延展之势；断裂东段，也被风沙或现代堆积物所夷平，致使断裂的扭性及两侧升降关系已无迹可考。然而，通过 7.0 级和 6.0 级地震的野外宏观考察工作表明，宏观震中位置在距塘格木农场南部约 7km 处。该处正好是北西向隐伏断裂带与北北西向隆起构造带的复合部位。北北西向的隆起构造带为第四纪早期形成的沉积沉积地层被挤压抬升形成的丘陵地貌产生的，大大至沿龙古塘--英得海—塘格木农场一线分布。北西向隐估断裂带在该处是以断裂谷地地貌形态展现出来的，在震中一带大致沿 3150 标高点北侧到 3117 标点一线分布，地震形成的山体滑坡和崩塌区地面裂缝带严格受其控制，从地震裂缝带平面测图及地裂缝切割公路处砾石被断错的现象分析，该地震断层具有南盘抬升、北盘下降、左旋走滑性质。

研究结果表明，北北西向的隆凹构造带全新世以来强烈基底挤压形作用，北西向断层左旋走滑运动在复合部位闭锁，可能是地震在此重复发生的主要构造特征。

5.11.3　地震烈度评定

1994 年共和 6.0 级地震烈度分布及主要参数见图 5.11－1 及表 5.11－2。

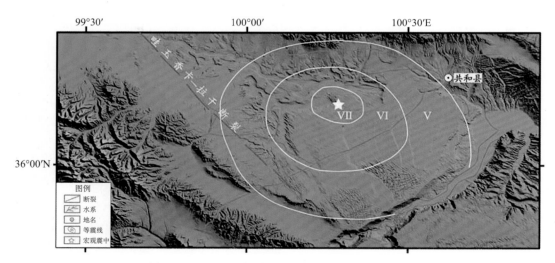

图 5.11－1　1994 年共和 6.0 级地震等震线分布图

此次 6.0 级地震，由于发生在共和盆地 1990 年 7.0 级地震后重建的老震区内，故大部分房屋抗震性能较好，震害较轻。然而本次地震极震区烈度超过了该区设防烈度标准，而对一些木架土坯结构的新建牧民住宅造成了严重破坏或部分倒塌。Ⅶ度区内的个别新建的楼房和跨度较大的单层厂房和库房，造成不同程度的破坏；Ⅵ度区和Ⅴ度区内的一些旧房（大多为砖柱土结构），抗震性能较差，在经历了多次地震之后，虽然处在中低度区，但是破坏严重，而加大该次地震的经济损失。

表 5.11-2　1994 年共和 6.0 级地震等震线主要参数表

烈度	长轴（2a）（km）	短轴（2b）（km）	围限面积（km²）	b/a	长轴方向
Ⅷ	26	7	143	0.27	310°
Ⅶ	40.5	16	509	0.4	315°
Ⅵ	67	33.5	1762	0.5	318°
Ⅴ	92	47	3394	0.5	320°

根据对极震区及外围大面积的烈度调查点资料进行对比分析，结合当地的地形地貌环境、场地条件和建筑物的新旧程度及结构特点，参照《中国地震烈度表（1980）》，圈定了本次地震的Ⅷ度、Ⅶ度、Ⅵ度和Ⅴ度区范围，现将各烈度区分布及主要震害分述如下：

Ⅷ度区：为此次地震的极震区，位于河卡乡红旗村牧民点。本烈度区在等震线分布图为一规则椭圆，长轴 26km，宽约 7km，长轴方向 310°，面积约 143km²。

虽然该烈度区内的牧民住宅为 7.0 级地震后重建房屋，但其建筑（木架土坯房）无法抗拒Ⅷ度地震的强烈袭击，沿断层线分面的 10 余户住宅均遭到毁坏和严重破坏，是此次地震房屋破坏最为严重区域。

该烈度区的中间部位，即此次地震的宏观震中位置，在塘格木农场场部南约 7km 处。这里发震断层的地貌特征十分明显，为一断裂沟谷地形。在断裂谷北侧，由早—中新统组成的山地丘陵面，经过主余震多次破坏，大多酥脱开裂，形成普遍的滑坡及山体剥皮现象。沟谷边坡及土崖崩塌现象十分严重；地表裂缝普遍，地面严重破坏宽约 4km。另外可见三条平行分布的裂缝带，展布宽度范围约 2km，断续由震中部位向东南延伸，切过 204 国道后逐渐消失，总长约 15km。

总之，从该烈度区破坏情况来看，断层与裂缝带所处的位置，也正是房屋和构筑物破坏最为严重地带，充分展示了断层、地震和震害间的相互倚存的关系。

Ⅶ度区：该烈度北以农场二大队至铁盖村一线为界；南到都台至灯塔牧业点一线，平面上为一椭圆，长轴方向 315°，围限面积 509km²。

位于该烈度区内的塘格木农场场部，铁盖村和河卡羊场牧业点房屋，大多为 7.0 级地震后新建的，为砖混结构，平房抗震效果较好，除个别房屋的墙角、门、窗部位有裂缝或抹灰层局部脱落外，多数房屋基本完好。一些特殊构筑物遭到一定程度的破坏或倒塌，如市场商店房屋上的装饰墙和女儿墙，一大队监狱的巡逻墙均遭到严重破坏或倒塌。这一地区 7.0 级地震后保留下来的旧式平房及简易房屋破坏严重，如一大队监狱犯人居住的平房和河卡乡牧业点上的部分房屋为砖柱土坯结构，大多因地基不均匀沉降，后墙普遍开裂，多数构成严重破坏和中等破坏；房顶烟囱扭变形及倒塌现象也较为普遍。7.0级地震后新建的农场办公楼，锅炉房和变电所机房等，由于建筑质量、设计及建筑物本身跨度较大等原因，遭到严重到中等强度的破坏。红旗村、铁盖村及牧民散居牧业点，居民住宅均为7.0级地震后新建的木架土墙砖混门脸结构式房屋，部分房屋遭到中等以下破坏，房屋的基本完好率占60%左右。

该烈度区震感强烈，大多数人地震时仓皇出逃，室内放置于桌子上的家电、器皿等损失严重，如农场商店、玉器厂和铁盖村商店，橱窗和货架上的商品大多翻倒在地，易碎品损失严重。

Ⅵ度区：该烈度区北西方向以切吉水库、农场三大队到更尕海一线为界；东面越过黄河到抵巴洛滩，部体构成略向北东凸出的不规则椭圆，长轴方向318°，围限面积1762km²。

这一烈度区内7.0级地震后新的砖混结构平房基本完好。但绝大部分的旧房均属砖柱土坯结构，如塘格木农场三大队，巴仓农场的部分房屋，原有裂缝大多加宽加大，或部分房屋后墙倾斜开裂，构成严重程度以下破坏。分布于这一烈度区的可卡乡五一村、宁渠村及各牧民散居点，大多为震后新建的土木结构房屋，除部分房屋的门窗上下角部位及木椽与墙体的结合部分产生较为明显的裂缝及轻度错位外，多属基本完好。

该烈度区居民震感普遍强烈，地震时室外的普遍感到地震，室内的人大多惊逃户外，商店货架上的物品部分跌落。部分人震时感到头晕目眩，个别反映见到尘爆现象。

Ⅴ度区：该烈度区北以沙珠玉乡到达连海一线为界，南到尕玛羊曲村与巴他农场相接，总体成向北凸出向南方向拉伸的不规则椭圆，长轴方向北西320°，围限面积3394km²。

位于该烈度区的塘格农场四大队，五大队和巴仓农场的旧式砖柱土坯结构房屋，经历地震的多次袭击，大部分房屋裂缝明显构成破坏，少数房屋因地基变形造成后墙开裂、房瓦散落而破坏较重。河卡乡政府所在地、砂珠玉乡及所属的10个行政村和尕玛羊曲村等居民点，砖混结构房屋完好；木架土坯结构房屋有少量裂缝，个别房屋因墙体结合部位开裂构成轻微破坏。

该烈度区地震时人们普遍有感，部分人逃出户外，门窗哗哗作响，屋顶尘土飞扬，悬挂物明显摇摆，桶中水波晃动，商店中部分放置不稳的物品有倒落。

5.12　2000年青海兴海6.6级地震

5.12.1　地震概况

2000年9月12日08时，青海省海南州兴海县发生6.6级地震。兴海县属海南自治州管辖。位于青海省东部的鄂拉山与南部的阿尼玛卿山之间，全县地势西南高东北低。

发震时间：2000年9月12日08时28分

微观震中：北纬35°15′，东经99°30′

震　　级：$M_s6.6$

宏观震中：北纬35°24′，东经99°32′（位于微观震中东北约18km左右）

震中烈度：Ⅷ度

现场工作组由青海省地震局任铁生副局长任组长，卢宁副处长任副组长，工作人员有青海省地震局陈玉华、夏玉胜、孙洪斌、张启胜、杨青春；西宁市地震局许琴局长、张铁军、王立民等。海南地震局丁平局长也率队于地震当日进入地震现场。

本宏观烈度考察报告由陈玉华、张铁军执笔，孙洪斌、夏玉胜、张启胜、杨青春等参加资料汇编。图件由胡爱真同志清绘。报告最后由任铁生副局长审核，陈铁流局长审定。

5.12.2　地震构造背景及发震构造

此次 6.6 级主震宏观震中位置坐落在北北西向的鄂拉山—温泉断裂带南端。其地震等震线长轴分布方向与该断裂走向一致；余震分布也以北北西向条带为主。另外美国地调局提供的 6.6 级主震震源机制解资料显示出的两组节面，其中一组为北北西 344°方向，与鄂拉山—温泉断裂带一致。由此推断此次主震的发震断裂为鄂拉山—温泉断裂带。

鄂拉山—温泉断裂带是青海省内规模最大的一条北北西向断裂带，它构成二级构造分区的结合部。该断裂位于柴达木准地台东缘，由数十条北北西向挤压逆断层组成。但主干断裂有两条，连续性较好，两者相距 4~8km。断裂带北起哈拉湖东南的热盖附近，沿茶卡山西缘、鄂拉山东麓南延至兴海温泉一带，全长约 300km。断裂带总体走向为 N15°~30°W，倾向不一，倾角 35°~70°。沿断裂带形成一系列断层陡坎、三角面、山垭口、断陷谷地等，并有成群的温泉出露。航、卫片资料判读结果表明，断裂带南段乌兰—温泉一带断裂切错最新微地貌情形十分普遍。沿断裂带现代中小地震活动十分频繁，但中强震甚少，尤其是该断裂带南段，震级一般小于 5 级。此次的 6.6 级地震成为鄂拉山—温泉断裂带最高历史地震记录。它的发震构造机制尚待于深入探讨。

前述出露于极震区内沿 290°~310°方向展布的地震地表裂缝与鄂拉山—温泉断裂带呈 20°~50°左右的夹角。据裂缝的锯齿形、羽列状排列的平面展布形态，认为该裂缝应属鄂拉山—温泉断裂带的一组张扭面，是鄂拉山—温泉断裂带受北东向挤压力作用时右旋滑动的产物。

5.12.3　地震烈度评定

根据宏观调查并结合当地的地形地貌环境及场地条件，圈定了此次地震烈度Ⅷ度区、Ⅶ度区、Ⅵ度区及Ⅴ度区范围（图 5.12－1）。现将各烈度区分布及主要震害分述如下：

Ⅷ度区：为本次地震的极震区，烈度等震线为一北西向分布的规则椭圆。长轴沿 340°方向展布。长轴约 20km，短轴约 10km，围限面积达 157km^2。

本烈度区主要包括博荷沁沟及扎麻隆沟，宏观震中位于两沟分水岭地带。震害以地震地表裂缝、山体崩塌及房屋倒塌为主。分别叙述如下：

1. 地震裂缝及山体崩塌

沿北西 290°~310°方向断续出露的地震裂缝为本烈度区最为直观的震害表现。在距温泉点约 10km 处的青康公路路面及路基斜坡出现长约 30~50m 的锯齿状地震裂缝，其裂缝方向为 290°左右，与该路段路面平行，并伴随有公路涵洞受损，路旁山体土石多处塌方等震害现象。沿该裂缝走向追踪，在距此 1.5km 处的博荷沁沟内 1970 年代地质勘探所修的简易公路路面出现了近 310°的锯齿状地震裂缝，裂缝带最宽处可达 2m 左右，单个裂缝最长达 5m，

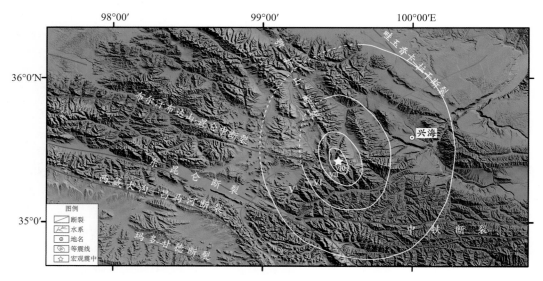

图 5.12 - 1　2000 年兴海 6.6 级地震烈度图

裂缝宽约 3cm，并向河漫滩方向产生 4cm 左右的垂直位错（含一定的重力作用）。裂缝呈羽列状排列，显示出明显的张扭性特征。该路面裂缝沿博荷沁沟往东南 130°方向延伸，断续出露，至沟头处草皮被明显拉开，形成宽约 20cm 的单个裂缝。此地震裂缝自青康公路至博荷沁沟头南坡断续延伸长约 4km 左右。博荷沁沟北坡为基岩山体，此次地震将已风化的基岩震酥，形成大面积的山体崩塌。

据当地牧民反映，位于博荷沁沟东南与该沟一岭之隔的扎麻隆沟也出现有地震裂缝及大量的山体崩塌现象。

2. 房屋震害

博荷沁沟内房屋及人员稀少，调查中仅发现 2 户牧民 3 栋房屋（均为土木结构）。其中尕百家位于简易公路北侧山坡处，所住房屋主震时倒塌，致使两人受伤。俄日家有 2 栋房屋，分别位于简易公路南侧河漫滩上及靠近山坡的博荷沁河一级阶地上。建于河漫滩上的房屋及屋后约 50m 处的石垒羊圈都完全倒塌，砸伤 2 人。羊圈西侧的石垒玛尼堆也部分震塌。而建于一级河流阶地上的房屋则多处开裂，虽受损严重，但未倒塌。据测量两处倒塌房屋均坐落在地震裂缝带上。而未倒塌房屋则位于裂缝带西 250~300m 处。据调查扎麻隆沟也有 3 间土木结构房屋主震时倒塌。

该烈度区内人员震感极其强烈，上下震动使人站立不稳，多数人有要呕吐和被抛起感。

Ⅶ度区：该烈度区长轴方向为 345°。长轴约 42.5km，短轴约 23.5km，围限面积约 627km²。

该烈度区主要包括温泉点及温泉乡长水三社的大部分领域。其中温泉点房类型多为砖木结构的商店、饭店及旅店。多数商店及饭店门面的女儿墙倒塌，倒塌方向均向街面（东南）。其中全寿清真餐厅中地震时惊慌外逃的一名中年男子被倒塌的女儿墙砸伤左脚。其右侧的温泉民族旅社多数土木结构房屋墙体开裂，墙上悬挂的镜框震斜，玻璃窗震碎两片。7

号、8 号房间用铁丝和彩色装潢纸装潢的天花板因承受不住震落在其上的屋顶碎土块及尘土的重量而震塌 1/3，其碎石及尘土落在床上（多人住通铺）。温泉食宿站干打垒围墙震倒。温泉点多数商店、饭店悬挂在墙上的镜框被震落或倾斜，多数房屋的砖柱与山墙间出现程度不等的开裂及墙皮脱落现象。地震时全体室内人员惊慌出逃，普遍震感强烈。

长水三社主要分布在温泉点西侧的长水沟内，其房屋多数为土木结构类型。震后多数出现不同程度的墙体裂缝。杂让家内墙门框上方震裂，墙皮脱落。土旦家后墙轻度外闪。桑布家水泥石砌的羊圈后墙部分被震塌。德贝家砖柱土坯房屋砖柱与墙体结合部位开裂，墙皮脱落。

位于虎达龙洼沟沟口一富裕牧民家砖混结构的房屋，结构缝多处开裂，全瓦屋顶中央部分呈塌陷状。土坯结构的发电机房墙体纵向开裂 3~5cm 不等。水泥石砌羊圈围墙部分倒塌，土坯羊圈围墙倒塌约 30m 左右。沿该沟向北 4km 处，位于河流二级阶地上的索柱家干打磊围墙部分倒塌、干打磊房屋屋顶塌陷，部分墙体裂缝。

该区人员震感普遍强烈，大多数室内人员惊逃户外。

Ⅵ度区：该烈度区长轴方向为 350°。长轴约 87.5km，短轴约 53km，围限面积约 2856km^2。

该烈度区北自青根河以北，南至南木塘，西自温泉煤矿以东，东至赛什塘牧场。烈度区内房屋以土木结构房屋为主，普遍有程度不同的裂缝。位于的大河坝乡青根河村党员活动室为砖混结构的房屋，墙体结合部位有裂缝，墙皮脱落，沿近 140° 方向山墙分别向两侧轻微外闪。青根河小卖部（土木结构）墙体结合部位有裂缝。大河坝乡航向村伊豆家新建土木结构房屋外墙体结合部位有轻微裂缝。

温泉乡政府所在地南木塘土木结构房屋裂缝多见，其中乡政府办公室主墙有宽 2cm 的裂缝，部分墙皮脱落。兽医站新建房屋后墙与屋顶间出现细小裂缝。寄宿小学 10 间教室后墙与屋顶也有小裂缝，部分墙皮脱落，天花板皮裂缝。

该烈度区人员普遍有震感，部分人惊逃户外。少数人感到震动方向由南而北的。

Ⅴ度区：该烈度区长轴方向为 355°。长轴约 165km，短轴约 115km，围限面积约 14531km^2。

该烈度区范围较大，包括兴海县城、玛沁的下大武乡及雪山乡等地。兴海县城房屋多数为砖混结构类型，据调查个别房屋出现轻微裂缝，大多数房屋完好无损。该烈度区内室内人员普遍有感，室外人员多数有感。室内吊灯明显晃动，玻璃窗嚓嚓作响。

据果洛州地震局的震情反映，玛多县红土沟煤矿震害较严重。我们分析认为，该区的震害可能为两种因素所致，一是该地区处于全新世活动强烈的库玛断裂带之上，地质条件较差，稍遇地壳运动，即容易形成地面建筑物的下沉和倾斜等破坏；二是该区自 1996 年 10 月以来已历经多次 4~5 级地震的破坏，这次震害应属再创性破坏。参考玛多、玛沁及邻近区域的震害情况，将该区归于 Ⅴ 度区范围。

5.13　2003 年青海德令哈 6.6 级地震

5.13.1　地震概况

2003 年 4 月 17 日在青海省德令哈市西北（N：37°42″，E：96°48″）发生 6.6 级强烈地震，震区位于我国四大内陆盆地之一的柴达木盆地的中东部，柴达木盆地是我国第三大内陆盆地，也是青藏高原陷落最深的地区，为群峰拱卫的山间向心汇水盆地。

发震时间：2003 年 4 月 17 日 08 点 48 分

微观震中：北纬 37°42′，东经 96°48′

震　　　级：M_s：6.6

震源深度：14km

地　　　点：德令哈西

宏观震中位置：北纬 37°33.5′，东经 96°27′（位于中国地震局的微观震中西 30.8km）

震中区烈度：Ⅷ

根据中国地震信息网提供的德令哈 6.6 级地震震源机制解，见图 5.13－1、表 5.13－1，德令哈 6.6 级地震是近南北向（182°）受压，近东西向（78°）受张，显示出发震构造以逆冲为主兼走滑错动。根据余震分布、断裂构造特征和宏观烈度特征，确定该地震的主破裂面为 B 节面，走向为 107°，仰角为 51°，与 F5 基本吻合。

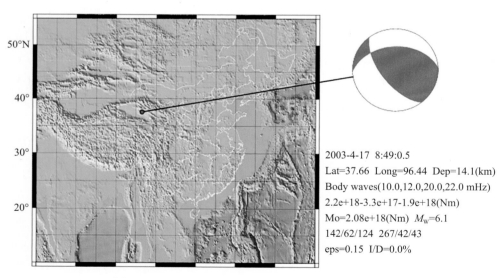

2003-4-17　8:49:0.5
Lat=37.66　Long=96.44　Dep=14.1(km)
Body waves(10.0,12.0,20.0,22.0 mHz)
2.2e+18-3.3e+17-1.9e+18(Nm)
Mo=2.08e+18(Nm)　M_w=6.1
142/62/124　267/42/43
eps=0.15　I/D=0.0%

图 5.13－1　2003 年德令哈 6.6 级地震震源机制解图

考察报告编写工作分工如下：前言由都昌庭执笔；地震现场调查与地震烈度由张铁军执笔；震区基本概况、地震社会影响、地震地质破坏及发震构造分析由孙洪斌执笔；建筑物、结构物震害特征由丁世文、袁晓铭、丰彪执笔；宏观异常调查与前兆异常特征分析由王培

玲、张瑞斌执笔；地下流体地震现场工作总结有刘成龙执笔；现场地震序列跟踪及震后趋势
判定由江在森、陈玉华执笔；现场地震观测部分由李纲执笔；综合考察报告的统编由青海省
地震局孙洪斌负责完成。

表 5.13-1　2003 年德令哈 6.6 级地震震源机制

2003 年 04 月 17 日	震中位置		震级	震源深度（km）	节面 A		节面 B		P 轴		T 轴		N 轴	
	纬度	经度			走向	仰角	走向	仰角	方位	仰角	方位	仰角	方位	仰角
德令哈	37°42′	96°48′	6.6	14	255°	43°	107°	51°	182°	4°	78°	73°	273°	16°

5.13.2　地震构造背景及发震构造

此次地震的极震区地处宗务隆山山中。宗务隆山位于南祁连山南缘，塔塔棱河谷地以
南，南临柴达木盆地。山体呈近东西走向，构成柴达木盆地东北缘屏障。极震区周围最高海
拔 4957m，一般为 3900~4500m。宗务隆山南坡由于受大幅度沉降的柴达木盆地地方性侵蚀
基面所控制，山势陡峻，侵蚀切割强烈，北坡则由于作为地方性侵蚀基面的塔塔棱河谷地海
拔高，与山岭高差小而侵蚀作用较弱。在山顶常保存有古剥蚀夷平面。

与此次宏观震中有关的区域大断裂为宗务隆山—青海南山裂带。该断裂由一组密集成带
的北西—北西西—近东西向断裂组成。主断裂西起阿尔金山南坡山麓，东经土尔根大坂、宗
务隆山北坡、青海湖南山，于循化南向东延出省境。省内长 1000 余千米。总体倾向南西，
倾角 50°~70°。此断裂带在青海北部地壳断裂系统中占有重要位置，它不但规模大延伸长，
且控制着不同时代地层的分布、中酸性岩浆岩的产出，亦是构造单元的边界。断裂可分三
段，特征各不相同。

西段：指土尔根大坂以西，处于隐伏状态，构成安南坝断隆与土尔根大坂断褶带的分
界。在剩余重力图上断裂以北是正值区，以南是负值区；在各种平面磁场图上，断裂显示为
北西—南东向的条带状负异常带；磁性块体埋深图上是深度梯级带。

中段：即土尔根大坂—青海湖间，是南祁连冒地槽带与柴达木北缘台缘褶带的分界，两
者差异极大；北侧地层以下志留统陆源碎屑复理石为主，为冒地槽型沉积，其上缺失泥盆—
石炭系。二叠—三叠系是地台浅海相沉积；南侧缺失志留系沉积。泥盆系—石炭系是地槽型
沉积，三叠系为过渡型及优地槽沉积。沿断裂两侧，三叠系中有滑塌成因的边缘相混杂堆
积，沿断裂尚有断裂变质岩生成，宽数百米至 2~3km，带内出现各种片岩，片麻岩、混合
岩及浅变质沙板岩。断裂带内及旁侧还有中酸性侵入岩呈带出现。此外，第三纪—第四纪断
陷盆（谷）地沿断裂带分布，在石底泉一带，见上石炭统分别逆于二叠系、三叠系及下志
留统之上，断面南倾，倾角 50°左右。

东段：系青海湖以东，是中祁连中间隆起带与松潘—甘孜印支地槽褶皱系的分界线。北
侧主要出露前震旦纪结晶基底，其上盖层是三叠系碎屑岩及碳酸岩岩层；南侧主体为中、下
三叠统冒地槽型复理石层系。此外，在青海湖南山一线以南，早中三叠世地层中出现大量滑
塌成因的混杂体；沿断裂带有印支期花岗闪长岩类侵入。表明本段断裂在印支期活动强烈。

燕山—喜山期,断裂活动性大减,仅局部地段控制了断裂谷地的发育。

综上所述,本断裂是由性质不同、生形时代、发育历史不同的三段组成;在各种地球物理场图上,各段的反映也不一样:西段和中段重力、磁力表现清晰;东段,无论重力,还是磁力,反映都不清楚。

根据野外宏观现象推测的发震断裂位于宗务隆山—青海南山断裂中断,相关的几条断裂有:F5 八罗根郭勒南断裂、F6 科科西里一小包尔扎图断裂、F7 大包尔扎图断裂组,推测的发震断裂为八罗根郭勒南断裂,概述如下。

1. 八罗根郭勒南断裂

位于八罗根郭勒上游谷地南侧,呈东西走向。西段伏于第四系之下,推测交于北侧(F4)断裂,北盘为第三系砂、砾岩,南盘为志留系片状砂岩。存在宽约 10 余 m 的挤压破碎带,属压性断裂。断面南倾,倾角 50°。南盘老的志留系砂岩逆冲于北盘新的第三系砂、砾岩之上。形成于加里东晚期,喜山期重新活动。

2. 科科西里—小包尔扎图断裂

位于科科西里滩地北缘及小包尔札图一线,呈近东西走向。挤压破碎带宽达 15m 以上,最宽可达百余米,在破碎带中有密集的石英脉,呈网状穿插。地貌上呈现线状延伸的负地形。断面南倾,倾角 60°左右。在东段可见到志留系逆冲于二叠—三叠系之上。故属南盘上升的压性断裂,形成于印支期。

3. 大包尔扎图断裂组

位于 F6 断裂南东侧,是宗务隆山的主干断裂。该断裂控制了志留系与槽型石炭系的分布,断裂走向北西西—近东西。在霍伦布特以西及大包尔扎图两处,分别被两条北西向扭断裂右行错断。北盘出露为二叠—三叠系及志留系,南盘为槽型石炭系,南盘槽型石炭系分别逆覆于二叠系、三叠系及志留系之上。挤压破碎带宽达 20~50 余米,并见花岗斑岩等脉岩充填,挤压透镜体发育。在地貌上反映为清晰的线状延伸的负地形,在宏观震中北侧 F7 通过处见有一系列冲沟水平扭错,说明此断裂有新活动,但沿断裂追踪未见此次地震的活动迹象。断面南倾,倾角 50°左右,为南盘上冲并右行扭动的压扭性断裂。

5.13.3　地震烈度评定

地震宏观烈度分布及主要参数:见表 5.13 - 2、图 5.13 - 2。

Ⅷ度区:为此次地震的极震区,烈度等震线为北西向分布的椭圆,长轴沿 306°方向展布,长轴约 17.4km、短轴约 11.3km,围限面积 157km²。本烈度区主要包括:查伊沟、卡格图村、艾木特、达呼尔等,宏观震中位于查伊沟上游。震害以山体崩塌,滚石及房屋倒塌为主现分述如下:

(1)地震地质灾害:查伊沟沟口出现大量山坡滚石,滚石直径最大 0.8m(图 5.13 - 3),同时沟中有许多处沟壁崩塌;崩塌体最大宽 7m。卡各图村牧民居住的房后山上基岩震落,大者直径约 0.9m,滚石将其中一间房屋的后山墙碰塌(图 5.13 - 4)。在此点周边区域

表 5.13 - 2　2003 年德令哈西 6.6 级地震等震线主要参数表

烈度	长轴 2a (km)	短轴 2b (km)	区域面积 (km²)	b/a	长轴方向 (°)
Ⅷ	17.44	11.26	154.23	0.646	306
Ⅶ	76.3	30.5	1673.5	0.4	296
Ⅵ	134.7	50.7	3381.8	0.376	297

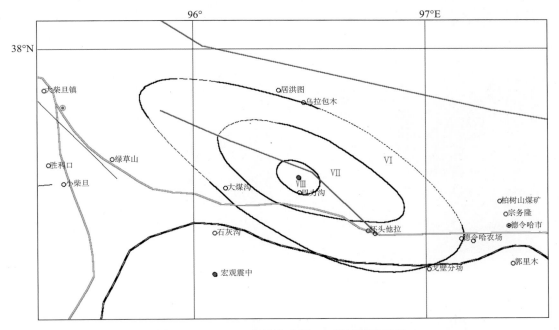

图 5.13 - 2　2003 年德令哈西 6.6 级地震烈度图

可见此次地震将风化的基岩震酥并形成大面积的山体崩塌，崩塌体岩石大者约 1.2m，土层上见北东走向的地表裂缝。区内冲洪积沟沟壁崩塌、滑塌多处可见。在怀图乌尔沟黄土沟壁崩塌严重。

（2）房屋震害：极震区内人员和房屋稀少、调查中仅见到 6 户牧民 7 间房屋（均为土木结构）房屋建筑均位于哈尔陶勒盖沟中的卡格图村中，7 间房屋均部分墙体倒塌（或山墙倒塌或后墙倒塌），未倒塌墙体的裂缝较多（图 5.13 - 5）。有砖平房一间，房角一处震落；门、窗上沿均裂缝（图 5.13 - 5 至图 5.13 - 10）。用板岩干垒而成的宽约定 50cm，高约 1.2m 的羊圈，局部倒塌（图 5.13 - 6）。在纳明高勒查伊沟中有两户居民（居住帐篷），他们的石垒羊圈局部倒塌。震区内人感强烈，地震时都感到头晕眼花、站立不稳。在艾木特地震时阶地垮塌压死羊 12 只。

图　5.13 - 3

图　5.13 - 4

图　5.13 - 5

图　5.13 - 6

Ⅶ度区：该烈度区长轴方向为 296°，长轴约 76.3km、短轴约 30.5km，区域面积 1673.5km²。该列度区主要包括大哇图，辉特乌兰嘎诺山，青新公路 28 道班，多为无人区，震害特征以地震地质灾害为主。表现为地表裂缝，主要以崩塌、滑塌、喷沙冒水为主（图 5.13 - 7）。地表裂缝均出现于第四系冲洪积滩中。在加肉纳尔尕（37.5°N，96.3°E）裂缝走向 325° 长 40m，另一条长 15m，裂缝最宽处可达 10cm。科木尔（37.5°N，96.34°E）盐湖边裂缝，东西走向长约 30m，湖边结冰；冰层开裂，并有湖水溢出。在点（37.48°N，96.35°E；无人区）见地表裂缝，由两组 6 条近南北走向裂缝组成长 100m；裂缝带宽 17m。大哇图（34.4619°N，96.3467°E）盐碱滩上有数条北东向和东西向裂缝，裂缝无明显方向，为震陷裂缝，沿裂缝的多个冒水砂孔（图 5.13 - 7）。该区多处沟壁崩塌；崩塌体最宽 5m（图 5.13 - 8）。

卡各图村，砖柱土坯房 3 间，房后墙往外倒塌（图 5.13 - 9）。在沙尔格特勒（37.5756°N，96.5292°E）输水管道，1984 年建成，埋深 5~7m，震后不能通水。在沙尔格特勒有一户牧民据他反映地震时地声从西传来，震动 3~5s，水平震动，茶水振出茶杯，西面山上有滚石，东面没有，帐篷有声响。

Ⅵ度区：该裂度区长轴方向 297°，长轴约 134.7km，短轴约 50.7km。区域面积

3381.8km²。该裂度区沿长轴方向以北仅见2户有牧民，居住帐篷。以南有数个居民点包括：怀头他拉镇、怀头他拉农场、戈壁乡、大煤沟等地。

怀头他拉镇：该区位于德令哈市内，辖4个自然村，共有人口出2053人。共调查了镇机关、怀图村、东滩村、巴里沟村、卡格图村。单层砖房主要集中于镇机关，极少部分出现轻微裂缝，大部分基本完好（图5.13-10）。民族小学；总面积1728m²；砖柱土木结构房屋墙体、墙角普遍裂缝，中等破坏面积172m²，轻微破坏1036m²。怀头村；闫洪德家总面积100m²，土木结构，局部倒塌，墙体裂缝。巴里沟村；史生全家砖混结构、100m²，地基下沉、墙角裂缝。该镇中砖柱土坯房屋毁坏10%，严重破坏30%，中等破坏30%。土坯房屋毁坏25%，严重破坏30%，中等破坏20%。

图　5.13-7

图　5.13-8

图　5.13-9

图　5.13-10

怀头他拉农地：该区位于德令哈市内，辖4个大队，共有人口926人。调查了1260间房屋，其中地坯房倒塌449间，占总面积的39.6%，土坯房倒塌严重，落顶纵墙倒塌。表面剥蚀严重，墙体下部酥碎。砖柱—土墙—木屋架结构由于整体连结性差，部分屋面、柱墙连接处出现竖面裂缝，檐口及门窗洞口出现竖向裂缝和斜向裂缝。砖混房屋仅出现微细裂缝，有吊顶歪斜现象属轻微破坏（图5.13-11）。怀头他拉农场学校门卫房（砖混结构）2间，北墙有细微裂缝，女儿墙与预制板结合部裂缝较大，砖被震碎、掉渣（图 5.13 - 12）。学校教室（砖柱土木）墙皮少量震落，砖柱与土墙结合部开裂，土墙细微裂缝。怀头他拉水库大坝迎水坡原有一条 19m 长纵向裂缝，裂缝宽 10cm，地震后在原裂缝的基础上加宽 1cm。

　　戈壁乡：该区位于德令哈市内，全乡辖 3 个农业村、2 个牧业村。共有人口 2282 人。共有房屋 1660 间，60% 砖木，40% 土木，8% 出现裂缝。倒塌 55 户。土坯房的震害较为严重，除倒塌外、墙体酥脆，有较长裂缝的现象也很严重，砖—土—木混合结构的典型震害为墙—柱连结处的竖面裂缝，破坏也较严重。大煤沟：为一小型煤矿，有 6 排房屋，每排 6 间；为砖柱土木结构，有 2 间房屋倒塌，未倒塌的房屋墙体酥碎，竖面裂缝严重。

　　Ⅵ度区内大部人震感强烈，个别人感到头晕，感觉到桌椅摇晃，门窗作响，器皿有晃动。地震地质灾害现象：大部出现于该区的北部，主要以地表裂缝为主，及喷沙冒水，沟壁崩塌。地表裂缝均出现于戈壁滩中和河流阶地上，方向较混杂受地形、河流控制。河沿坎（37.8169°N，96.2664°E）见地面裂缝，1cm 左右，走向 210°。点（37.7282°N，96.4698°E）1~2cm 地面裂缝，走向 90° 及时 140°。牙马托沟咀（37.8417°N，95.8°E）河岸边阶地 3 条走向 45° 的平行裂缝，裂缝宽 20m、长 100m；裂缝宽 3~7cm，裂缝中有 2 处可见冒水，裂缝走向与河流方向一致（图 5.13 - 13）。

图　5.13 - 11

图　5.13 - 12

图　5.13 - 13

5.14　2009 年青海大柴旦 6.4 级地震

5.14.1　地震概况

2009 年 8 月 28 日 09 时 52 分在青海省海西州大柴旦（北纬 37.6°，东经 95.8°）发生 6.4 级地震（图 5.14 - 1）。此次地震没有造成人员伤亡，震中距柴旦镇约 48km，距德令哈市约 140km、距格尔木市约 150km。

此次地震现场科考工作依据《地震现场工作　调查规范（GB/T 18203.3—2000）》《地震现场工作管理规定（2007）》《地震现场科学考察指南（1998）》《中国地震烈度表（GB/T 17742—1999）》等对震区进行了实地科学考察工作。此次科学考察工作由青海省地震局李智敏、任铁生、夏玉胜、秦松涛、张恩育、张海军，青海省海西州地震局局长苗守华、副局长李大庆等为主要成员，自 8 月 28 日至 9 月 8 日，历时 12 天，地震科考工作组在当地政府的配合下，克服了震区面积大、海拔高（3000～4500m）等困难，完成了此次科考工作。

发震时间：2009 年 8 月 28 日 09 时 52 分

微观震中：北纬 37.6°，东经 95.8°

震　　级：6.4

震源深度：8km

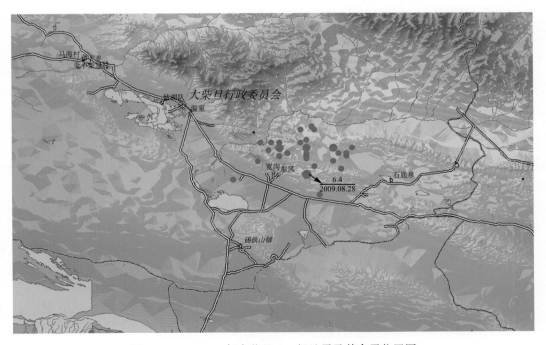

图 5.14 - 1　2009 年大柴旦 6.4 级地震及其余震位置图

根据地震震源参数绘制出了地震震源机制解图，如图 5.14 - 2，地震震源机制解显示，该地震断层主要以逆断层性质为主并兼有走滑特性，这与野外调查结果相一致；其主压应力轴 P 轴的仰角为 26°，方位角为 196°；主张应力轴的仰角为 63°，方位角为 27°，与区域主压应力方向基本一致，说明该次地震是区域主压应力场调整的结果。

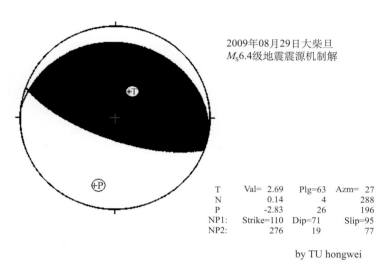

2009年08月29日大柴旦
M_S6.4级地震震源机制解

T	Val= 2.69	Plg=63	Azm= 27
N	0.14	4	288
P	-2.83	26	196
NP1:	Strike=110	Dip=71	Slip=95
NP2:	276	19	77

by TU hongwei

图 5.14 - 2　震源机制解

5.14.2　地震构造背景及发震构造

野外科学考察认为，此次地震的发震断裂为大柴旦—宗务隆山断裂带，该断裂带是祁连地震带的南边界断裂，祁连—海原断裂带是青藏高原东北缘的大型走滑断裂，该地震带历史上发育 7 次 7 级以上地震。历史地震表明在该地震带及其周围地震活动频繁。

大柴旦—宗务隆山断裂带由多条次级断裂组成，该断裂带东起大柴旦北缘，经泽令沟农场、道勒根木、铅矿、过巴音郭勒河，向西经红山煤矿、库克浩尔格到夏尔恰达，长300km。该断裂带第四纪时期经历了多次逆冲活动。早期的断层活动发育在基岩里，该期地表断裂被中更新世堆积物覆盖，并被抬升为山前台地（冲沟Ⅲ、Ⅳ级阶地）；第二期断层活动断错山前台地，造成第四系（中更新统）地层变形。最新一期断层活动造成山前洪积扇（Ⅱ级阶地）断错，并在山前形成一系列陡坎。断层活动不断向山前迁移，形成多条断裂。

在绿草山北缘，早期的断层发育在第三系泥岩与砂岩互层中，形成宽约 70cm 的滑动面（图 5.14 - 3），滑动面由红色的断层泥组成，断层泥具近水平顺时针 2°擦痕，判定该断裂具左旋走滑性质。

在上剖面北 50m 处，桔红色泥岩逆冲在土黄色粉砂岩之上（图 5.14 - 4），粉砂岩挤压破碎，形成顺断层方向的解理，并由于泥岩的逆冲粉砂岩拖曳变形，断层挤压破碎带宽40m。断层带宽 15cm，红色泥质充填。

在绿草山，第三系泥岩中发育一逆冲滑动面（图 5.14 - 5），逆冲位移约 45cm。

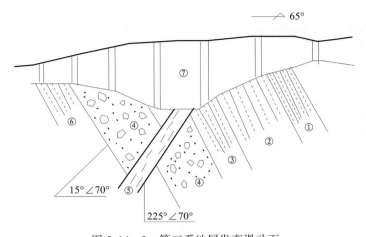

图 5.14-3　第三系地层发育滑动面

①土黄色泥岩；②灰绿色泥岩；③灰白色色泥岩；④砂岩；⑤断层泥带；⑥土灰色泥岩

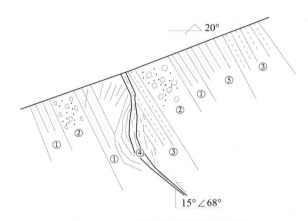

图 5.14-4　泥岩中断层拖曳现象

①灰白色粉砂岩；②粗砂岩；③桔红色泥岩；④断层带；⑤土黄色粉砂岩

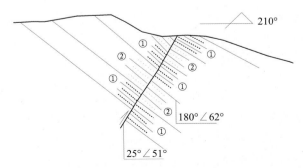

图 5.14-5　泥岩中逆冲滑动面

①粗砂岩；②细砂岩

在绿草山北缘，野外调查发现两剖面。

剖面 1：桔红色第三系块状砂岩与白垩系灰色板岩之间形成宽约 30m 断层破碎带（图 5.14－6），断层破碎带内部夹约 20m 厚灰色砂岩，板岩挤压变形。

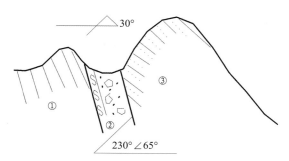

图 5.14－6　砂岩与板岩破碎带剖面
①白垩系灰色板岩；②断层破碎带；③桔红色第三系块状砂岩

剖面 2：绿草山山前第三系砂岩逆冲在山前冲洪积扇之上（图 5.14－7），形成宽约 20m 断层破碎带。

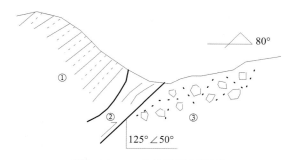

图 5.14－7　山前断裂剖面图
①第三系桔红色泥岩；②断层破碎带；③山前冲洪积砾石层

宗务隆山山前的巴音河西岸发现三组断层带发育在该河 Ⅱ 级冲洪积砾石层阶地⑤中（图 5.14－8），断层走向 90°，倾向西北，倾角 56°；断层上覆冲洪积砾石层②未被断错。在 Ⅱ 级阶地采集年代样品 DLH－4，测年结果 34.15±2.91ka。断层带内发育黄土透镜体④，该透镜体节理发育。Ⅱ 级阶地逆冲在冲沟粉细砂层之上，在粉细砂层内部采集年代样品 DLH－6，热释光测年结果为 10.20±0.87ka。

在野马滩一带，断层发育在二叠系与三叠系地层之间，断层带宽 50～100m，形成断层谷。在二叠系地层构成的断层破碎带中，可见多条断层滑动面。如图 5.14－9 为其中一条发育较好的断层滑动带。发育厚 3～5cm 固结断层泥及宽约 3m 的构造透镜体带。断层面走向 90°北倾，倾角 65°，在滑动面南 6m 处发育 3 条基岩逆冲断层。断层上覆 20m 厚的阶地堆积物①。该级阶地跨越宽 50～100m 的断层破碎带，连续堆积，未见阶地断错现象。由于冲沟切割出的阶地中为冲洪积砾石层，无细粒物质，未采集到年代样品。在该冲沟以东，冲沟切

割同一级地貌面，出露粉细砂层，采集年代样品 DLH—1，热释光测年结果为 10.52 ±
0.89ka。

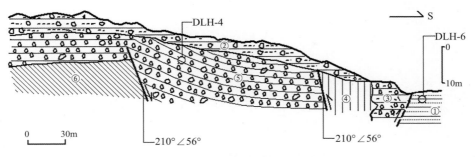

图 5.14 - 8　铅矿附近断裂综合剖面

①粉细砂层（断塞塘）；②冲洪积砂砾层；③新冲洪积砂砾层；

④粉细砂土；⑤冲洪积砾石层；⑥基岩

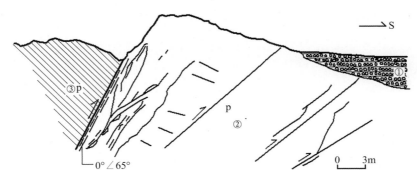

图 5.14 - 9　野马滩断层剖面

①中更新世砾石层；②断层破碎带；③二叠系板岩

5.14.3　地震烈度评定

依据震区人的感觉及震害现象，对震区的地震烈度划分如图 5.14 - 10。从图中可以看
出，此次地震的极震区在开源煤矿一带，影响烈度为Ⅶ度，初步判定宏观震中位置为
N37.6°、E95.7°，距微观震中西约 9km。

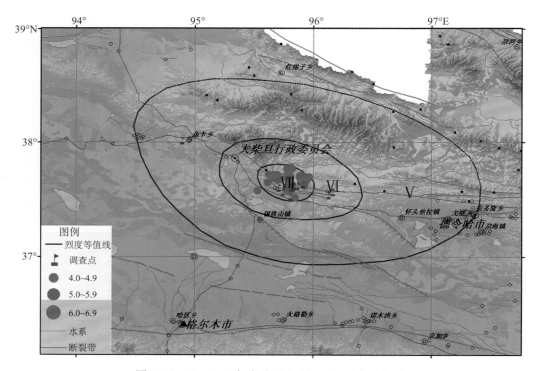

图 5.14 - 10　2009 年大柴旦 6.4 级地震烈度划分图

5.15　2010 年青海玉树 7.1 级地震

5.15.1　地震概况

2010 年 4 月 14 日 07 时 49 分，青海省玉树藏族自治州玉树县（北纬 33.2°，东经 96.6°）发生 7.1 级地震，震源深度 14km。宏观震中位于玉树县结古镇隆洪达附近。

此次地震的破裂过程持续了约 23s，包括两次主要的子事件：第一个子事件位发生于震后 0~5.5s；第二次子事件位于震后 5.5~23s 左右。地震破裂过程反演揭示断层面的滑动主要集中在两个区域（图 5.15 - 1）：第一个破裂区域位于震中附近，最大滑动量约为 2.4m，最大滑动速率约为 1.0 m/s；第二个破裂区域位于走向方向上距震中约 10~30km 处，最大滑动量和最大滑动速率约为 2.4m 和 1.1m/s。地震破裂主要由西北向东南方向扩展，破裂滑移最大的区域接近玉树县城结古镇。

本节内容中地震震害现象参考了玉树 7.1 级地震灾害损失评估报告，发震构造部分参考了玉树 7.1 级地震科学考察报告。

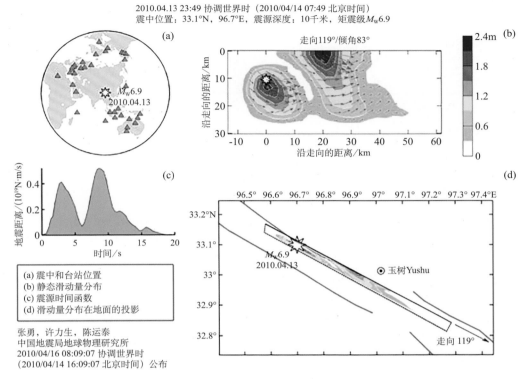

图 5.15 − 1　地震破裂过程反演结果

5.15.2　地震构造背景及发震构造

灾区位于青藏高原中部，属于上拉秀印支褶皱带构造体系，发震构造为甘孜—玉树断裂带，为巴颜喀拉地块南边界。2008 年汶川 8.0 级特大地震位于巴颜喀拉地块东南边界。

甘孜—玉树断裂带西起青海治多县那王草曲塘，经当江、玉树、邓柯、玉隆，至四川甘孜县城南，全长约 500km。断裂整体呈北西向展布，仅在当江附近走向北西西，断层倾向以北东为主（仅当托一带倾向南西），倾角 70°~85°。在平面上，由斜列的一组北西向断层组合而成。控制了一系列强烈地震的发生（图 5.15 − 2）。

甘孜—玉树断裂带以强烈的左旋走滑运动为特征，断错一系列的山脊水系，形成沿断裂展布的沟谷地貌。研究表明，断裂南东段甘孜一带的断裂千年尺度的滑动速率达每年 10mm 左右，GPS 观测的现代滑动速率为 10mm/a 左右，这与千年尺度的地质活动速率一致。

4 月 14 日科考组在禅古寺附件进行科学考察，在扎曲河右岸发现地表破裂，表现为断层垂直位错，位错量大 0.45m，断层面近直立且平直（图 5.15 − 3）。

4 月 17 日地表破裂调查组沿（N33°04′22.5″，E96°49′31.9″）处往 NW 方向进行追索。在（N33°05′02.2″，E96°48′16.7″）一带同震地表破裂带清晰。破裂带总体走向 310°，由两条地表破裂斜列组成，破裂表现为一系列挤压鼓包与张裂缝相间排列，左旋走滑性质，羊圈围墙实测同震左旋水平位错量约 1.0~1.1m（图 5.15 − 4）。北侧分支破裂叠加于老地震沟槽上，形成反向沟槽（图 5.15 - 5）。

在（N33°05′15.2″，E96°47′51.9″）处河床中，挤压鼓包仍然可见，但相对陡坎高度降低。至（N33°06′02.9″，E96°46′13.8″）处，发育挤压鼓包和裂缝带。从该点往 NW 直至隆宝镇（N33°15′50.2″，E96°25′49.9″）一带（直线距离约 36km），挤压鼓包和裂缝带非常发育，并且连续，推测为地震过程中沿这种特殊结构面发育的特殊破裂。地震断裂产生的地表破裂长度从（N33°04′22.5″，E96°49′31.9″）往北约为 3.7km（图 5.15 - 6）。

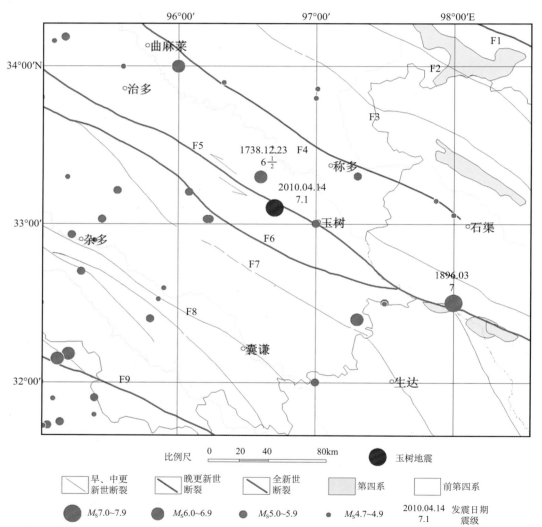

图 5.15 - 2　灾区地震构造略图

图 5.15 - 3 2010 年玉树 7.1 及地震最大垂直位错

(N33°01′42.3″, E96°53′55.0″)处石砌墙体左旋位错量1.1m(镜向N)

图 5.15 - 4 羊圈围墙左旋位错

(N33°05′02.2″，E96°48′16.7″)一带地震沟槽地貌（镜向SE）

图 5. 15 - 5　沿地震反向坎的新破裂

(N33°05′02.2″，E96°48′16.7″)处同震地表破裂（镜向SE）

(N33°05′15.2″，E96°47′51.9″)处河床中的同震地表破裂（镜向S）

(N33°03′18.6″，E96°51′15.2″)一带同震地表破裂（镜向SE）

图 5. 15 - 6　地震新破裂

4 月 18 日地表破裂调查组沿（N33°04′22.5″，E96°49′31.9″）处往 SE 方向进行追索。在（N33°04′11.9″，E96°49′54.2″）一带地貌上为地震坳槽，同震地表破裂带总体走向 310°，由两条地表破裂斜列组成，分别分布于坳槽的两侧，破裂表现为一系列挤压鼓包与张裂缝相间排列，左旋走滑性质，略显逆冲分量，断层地表产状为 40°∠70°（图 5.15 - 7）。往北，地表破裂清晰、连续，多表现为 2 条发育有挤压鼓包的破裂和多条张裂缝。往南，破裂沿山前地震坳槽分布，现象清晰、分布连续（图 5.15 - 8）。至（N33°03′18.6″，E96°51′15.2″）一带破裂穿过河床，形成有规模不大的陷落塘。公路路边左旋走滑量约 1.5m。破裂带延向基岩，产状为 40°∠50°。目前现象清晰的同震地表破裂带控制长度近 10km。

（N33°04′11.9″，E96°49′54.2″）处地震坳槽与同震地表破裂（镜向SE）　（N33°04′11.9″，E96°49′54.2″）处地震坳槽NE盘上的同震地表破裂（镜向SE）

图 5.15 - 7　地震新破裂

（N33°04′11.9″，E96°49′54.2″）处往北同震地表破裂远景（镜向NW）　（N33°03′18.6″，E96°51′15.2″）一带同震地表破裂与基岩断裂（镜向SE）

图 5.15 - 8　地震新破裂

4 月 19 日地表破裂调查组继续追索断裂的东延情况。在（N33°01′42.3″，E96°53′55.0″）一带同震地表破裂带由一系列支破裂雁列组成，总体走向 310°。支破裂表现为一系列挤压鼓包与张裂缝相间排列，左旋走滑性质。改点处 2 道石砌墙体的左旋位错量均为 1.1m。往南，地貌上为坡中地震坳槽，此次地震破裂沿槽谷雁列分布（图 5.15 - 9）。沿主破裂带追索，至（N33°01′23.5″，E96°54′47.7″）西侧，破裂带转为一系列雁列的小裂隙，并逐渐消失。在主破裂带的东侧发现发散的多条分支破裂，反映在改点一带破裂进入尾端。

(N33°01′42.3″，E96°53′55.0″) 一带同震地表破裂（镜向NW）　　　(N33°01′42.3″，E96°53′55.0″) 处往南地震坳槽与同震地表破裂（镜向SE）

图 5.15 - 9　地震新破裂

4月19日上午，在玉树县城赛马场以西的山上发现了地表断裂，断裂为左旋走滑断层，走向295°，在接近赛马场处地表断裂消失，形成牛尾状分布（图5.15 - 10）。

(N33°01′23.5″，E96°54′47.7″) 西侧主破裂带尾端的雁列式张裂隙（镜向NW）

图 5.15 - 10　地震新破裂

5.15.3　地震烈度评定

依据震区人的感觉及震害现象，对震区的地震烈度划分如图5.15 - 11，按照地震灾区人口分布、房屋破坏程度等，将地震灾区分为极重灾区、重灾区和一般灾区。

极重灾区：面积约900km²，包括玉树县结古镇全镇。

重灾区：面积约4000km²，包括玉树县隆宝镇、仲达乡、安冲乡、巴塘镇。

一般灾区：面积约21600km²，其中青海省占19900km²，包括玉树县上拉秀乡、下拉秀镇、哈秀乡、小苏莽乡，称多县称文镇、拉布乡、歇武镇、尕朵乡、珍秦镇和治多县立新乡等。

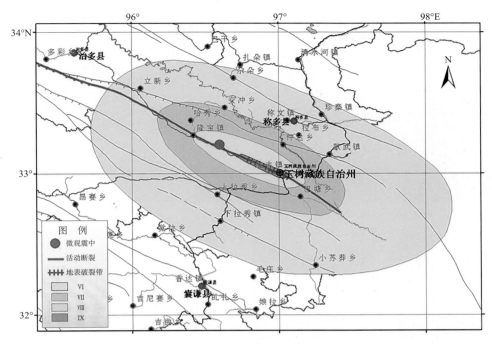

图 5.15 - 11 地震烈度分布图

5.15.4 房屋结构震害特点

房屋倒塌和破坏是造成人员伤亡的元凶，据不完全统计，因房屋垮塌罹难的人数占全部死亡约95%以上。与其他单项，如生命线工程、企业、林业、农田等损失相比，仍然是震害损失的主要构成。灾区房屋结构形式主要为土木结构、砖木结构（包括石木结构）和混凝土多层砌体结构，另外有个别框架结构房屋，建筑面积所占比例很小，破坏程度较轻。

土木房屋破坏最为严重（图 5.15 - 12）。土木结构房屋抗震性能有限，多为老旧房屋，在本次地震中绝大部分毁坏。土木结构房屋多为单层或两层，基础以片石砌筑，墙体为土坯砌筑，木屋盖。由于土木结构房屋建设年代相对较早，房屋土坯墙体底部大多已剥蚀严重，墙体承载力较低，地震后，烈度Ⅸ度区土木结构房屋全部毁坏，出现大面积房屋整体倒塌和局部倒塌现象。土木结构房屋破坏现象主要以房屋倒塌和局部倒塌为主，少部分土木结构房屋虽然没有倒塌，但承重墙已出现开裂，裂缝形式多为竖向及斜向，裂缝宽度较大，已形成危房，属严重破坏或毁坏房屋。

砖木结构房屋，主要为片石和砖组合砌筑墙体，以木屋盖为主要结构形式的房屋。灾区基本没有全部以砖砌筑墙体的砖木结构房屋。其主要原因是受当地山区自然条件限制，黏土砖烧制就地取材困难，运输黏土砖费用较高，所以在当地民房建设中多采取以藏族居民传统石木结构为主要受力结构，其隔墙会采用部分黏土砖或土坯进行砌筑，大部分民居房屋多以后纵墙采用片石砌筑，砌筑比较讲究，砌筑中设有较大石块作为拉结石，提高石砌墙体的整体性，前纵墙采用砖砌筑，隔墙采用土坯砌筑，其属于多种材料的组合结构房屋，在地震作用下，此类结构房屋各墙段之间协同工作能力较差，各墙段破坏现象各异，往往石砌墙体破

绝大部分土木房屋倒塌

土坯房山墙倾倒

土坯房整体倒塌

二层土坯房山墙开裂外闪

图 5.15 - 12　土木结构房屋震害

坏较轻，其他材料砌筑墙体破坏较重。大部分房屋由于墙体裂缝和纵横墙连接处裂缝较大，此类房屋虽然倒塌比例较小，但中等破坏和严重破坏比例较大（图 5.15 - 13）。

　　混凝土多层砌体结构房屋在灾区主要以黏土砖和混凝土空心砌块砌筑房屋墙体，其选用砌块 75％为混凝土空心砌块，如前所述，由于混凝土砂石料利于当地就地取材，灾区民房与公共设施建筑属于砖混结构房屋基本为混凝土空心砌块砌筑墙体，以预制空心板或现浇混凝土板为楼屋盖。在结古镇已调查的灾区房屋中仅发现 10 左右栋砖混房屋为全部采用黏土砖砌筑的混凝土砌体结构房屋，其房屋仅出现轻微裂缝，主要承重构件基本完好，属轻微或中等破坏。灾区混凝土空心砌块砌筑房屋破坏原因较多，首先，灾区为Ⅶ度设防地区，此次震中遭受地震烈度为Ⅸ度，因此，在满足"大震不倒"的设防要求基础上出现混凝土砌体结构房屋的中等或严重破坏是可以理解的。在倒塌的混凝土空心砌块砌体结构房屋中绝大部分房屋屋盖为预制空心板结构，同时在局部墙体的构造尺寸上不满足Ⅶ度设防要求，例如，窗间墙宽度和洞口与边墙的墙体宽度不足，受力结构强梁弱柱，混凝土空心砌块砌筑时未设混凝土心柱等原因（图 5.15 - 14）。

　　另一方面，灾区房屋破坏严重，受多方面原因影响，其中一个重要的因素是当地居民在

后纵墙片石砌筑未破坏

内横墙土坯砌筑，裂缝严重

砖木结构房屋后纵墙开裂

砖木结构前纵墙倒塌

图 5.15-13 砖木结构房屋震害

房屋建设方面抗震意识的缺乏。在当地居民房屋建设过程中，房屋装饰成本很高，却选用抗震性能较差的建筑材料，且构造设计到施工质量等环节都存在不足。这种缺乏抗震意识，在建设过程中本末倒置的住房观念要在恢复重建时坚决杜绝。

混凝土空心砌块结构无芯柱照片

白楼粘土砖砌筑，灰楼空心砖砌筑

纵墙水平裂缝

窗洞口过大

房屋鞭梢效应

空心砌块结构一层坍塌

强梁弱柱破坏

短柱破坏效应

图 5.15 - 14　混凝土多层砌体结构房屋震害

5.16　2016年青海门源6.4级地震

5.16.1　地震概况

2016年1月21日1时13分，青海省海北藏族自治州门源回族自治县内（东经101°36′，北纬37°42′）发生6.4级地震，震源深度10km（图5.16-1）。此次地震造成青海省内的门源县、祁连县、大通县、互助县、海晏县29个乡镇（种马场）不同程度受灾。

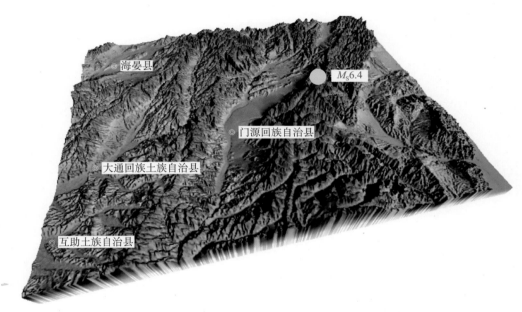

图5.16-1　青海门源6.4级地震位置图

发震时刻：2016年1月21日01时13分
微观震中：北纬37.68°，东经101.62°
震　　级：6.4级
地　　点：海北藏族自治州门源回族自治县
震源深度：10km
震中烈度：Ⅷ度

根据中国地震局地球物理研究所韩立波计算出的青海门源6.4级地震震源机制解（图5.16-2、图5.16-3，表5.16-1），结果显示青海门源6.4级地震的震源机制具有逆冲分量的走滑类型，节面Ⅰ走向335°，倾角53°，滑动角98°，节面Ⅱ走向141°，倾角38°，滑动角79°。

本节内容中地震震害现象参考了门源6.4级地震灾害损失评估报告，发震构造部分参考了门源6.4级地震科学考察报告。

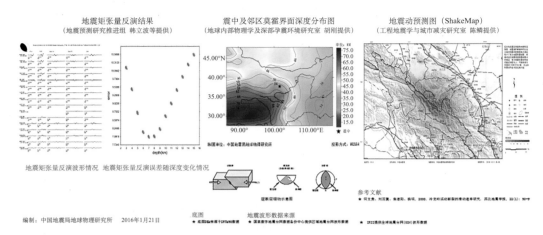

图 5.16 - 2　2016 年门源 6.4 级地震矩张量反演结果图（据中国地震局地球物理研究所）

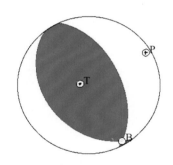

图 5.16 - 3　2016 年门源 6.4 级地震震源机制解

表 5.16 - 1　2016 年青海门源 6.4 级地震的震源机制解

节面 Ⅰ（°）			节面 Ⅱ（°）			结果来源
走向	倾角	滑动角	走向	倾角	滑动角	
335	53	98	141	38	79	韩立波

5.16.2　地震构造背景及发震构造

2016 年 1 月 21 日门源 6.4 级地震发生在青藏高原隆起区的东北缘，在大地构造上位于北祁连褶皱构造带内。地震震中位于冷龙岭断裂附近，推测发震断裂为武威—明乐盆地西缘的民乐—大马营断裂东南段，或者为冷龙岭断裂与民乐—大马营断裂之间的一条逆断层（图 5.16 - 4）。

利用 DEM 对震区地貌进行分析，通过剖面 A—A'（图 5.16 - 5、图 5.16 - 6）认为，地震发生于冷龙岭断裂附近的高山区，海拔高度在 3750~4500m，在震区北侧发育皇城—双塔断裂，断层上、下盘落差约 1250m；南侧震中附近发育冷龙岭断裂，断层两盘之间形成了一个 V 形深谷，谷底海拔约 3500m；门源盆地距离震中南侧 30km 处，呈北西西向展布，是由门源盆地北缘断裂控制形成的一个第三系压陷性盆地。

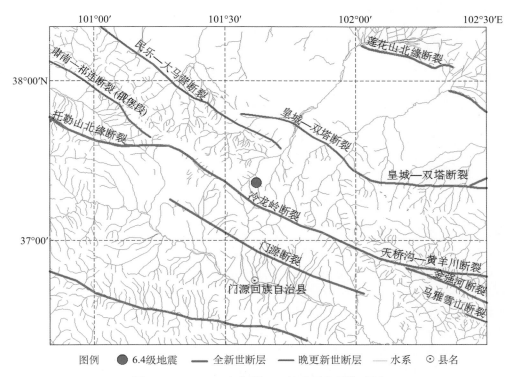

图 5.16 - 4　2016 年门源 6.4 级地震发震构造图

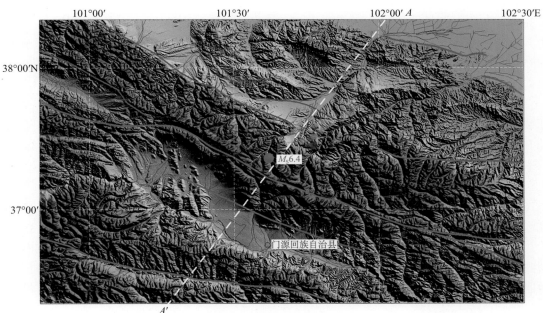

图 5.16 - 5　2016 年门源 6.4 级地震地貌图

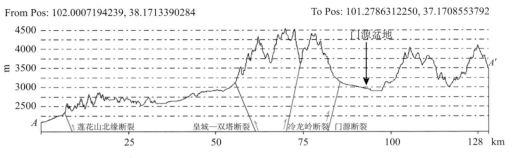

From Pos: 102.0007194239, 38.1713390284　　　　　　To Pos: 101.2786312250, 37.1708553792

图 5.16 - 6　2016 年门源 6.4 级地震地形剖面

冷龙岭断裂西起俄博，东经金瑶岭、冷龙岭主峰（5254m）南侧，长约 120km。总体走向 290°~300°，早期为逆断层，后期以走滑—拉张性质为特征。最新活动段倾向北东，倾角 65°。西与祁连断裂相连，东与毛毛山断裂相接。调查认为断裂由一组近平行的次级断裂组成，断裂宽度 1~3km。根据不同段落的形态、走向、结构和连续性，并考虑断裂活动性质和地貌特征变化，可将冷龙岭断裂划分为 3 段，双龙煤矿—假墙丫豁段（东段）、假墙丫豁—硫磺沟口段（中段）和硫磺沟口—八道班段（西段）（何文贵等，2000）。沿断裂带形成了一系列断错地貌，如断错水系、山脊、冰碛物等。沿断裂断错水系十分发育，最大左旋错动达 3.25km，最小仅 7m。山脊错动也很明显，位错量 110~280m。冰碛台地左旋错动达 135m，中更新世水平滑动速率为 2.14~4.64mm/a，晚更新世水平滑动速率为 2.86~4.07mm/a，全新世水平滑动速率为 3.35~4.62mm/a；全新世以来的垂直滑动速率为 0.3mm/a（何文贵等，2000）；冷龙岭断裂的走滑速率达 19±5mm/a。

通过探槽开挖和陡坎测量，全新世发育有 3 次古地震事件，距今年代分别为 5926a、3885a 和公元 1540a（何文贵等，2001）。古地震现象集中于讨拉柴陇至假墙丫豁的 20km 地段内，主要表现为地震陡坎、沟槽、断塞塘、压脊等。

科学考察组通过详细的卫星遥感影像解译后，选择此次地震较可能的发震断裂—冷龙岭断裂带进行科学考察。考察组 23 日前往解译后发现断错现象明显的门源县仙米乡二道水村处开展考察。该点为离震中较近可接近的考察点（101.969623°E，37.481947°N；3527m）（图 5.16 - 7）。

在高分遥感影像上，冷龙岭断裂线性特征明显，线性中包括断层槽谷、陡坎等（图 5.16 - 8、图 5.16 - 9），可见系统的河流阶地断错发育。可见河流冲沟壁左旋断错 9.97m，汶沟断错 2.06、1.8m 不等。

在冷龙岭断裂带二道水村，断层顺槽谷反向陡坎明显（图 5.16 - 10），并在冲沟右岸发现断层剖面，可见多条断层发育，断层为走滑运动为主兼挤压逆冲运动，断层面走向 289°，倾向北东，倾角 54°（图 5.16 - 11）。

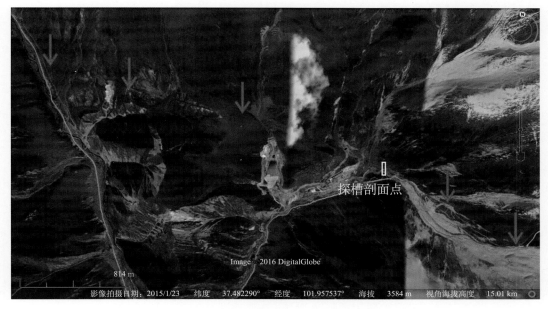

图 5.16-7　冷龙岭断裂带二道水村线性构造影像

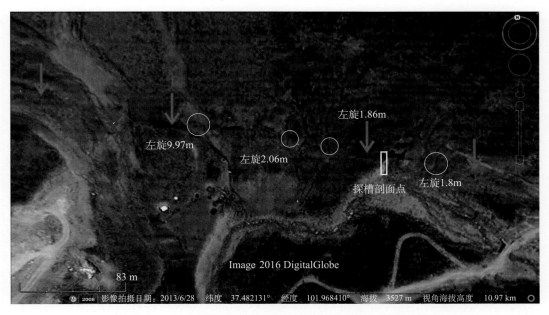

图 5.16-8　冷龙岭断裂带二道水村冲沟及冲沟壁左旋断错图

图 5.16 - 9　冷龙岭断裂带二道水村东北断层陡坎图

图 5.16 - 10　冷龙岭断裂带二道水村东北地貌图

走向289°；倾角54°

图 5.16 - 11　冷龙岭断裂带二道东北断层剖面

5.16.3　地震烈度评定

现场工作队依照《地震现场工作　调查规范》（GB/T 18208.3—2011）、《中国地震烈度表》（GB/T 17742—2008），调查了灾区 82 个居民点的震害，结合灾区地质构造背景、震源机制、强震记录和遥感震害解译等科技支撑信息，确定了此次地震的烈度分布（图 5.16 - 12）。

此次地震极震区烈度达Ⅷ度，等震线长轴总体呈北西西走向，Ⅵ度及以上区域总面积约14660km²，其中，青海省内面积约 8550km²，甘肃省内面积约 6110km²。

Ⅷ度区主要涉及青海省门源县泉口镇，面积约 240km²。

Ⅶ度区主要涉及青海省门源县皇城蒙古族乡、青石嘴镇、泉口镇、苏吉滩乡、北山乡、西滩乡、仙米乡、东川镇、浩门镇、种马场和甘肃省肃南县皇城镇，共 11 个乡镇（种马场），以及甘肃中牧山丹马场，总面积约 2510km²。其中，青海省内面积约 1980km²，甘肃省内面积约 530km²。

Ⅵ度区主要涉及青海省门源县 13 个乡镇（种马场）、祁连县 3 个乡镇、大通县 2 个乡镇、互助县 1 个乡镇和甘肃省肃南县 1 个乡镇、永昌县 7 个乡镇、武威市凉州区 2 个乡镇、天祝县 4 个乡镇，共 33 个乡镇（种马场），以及甘肃中牧山丹马场，总面积约 11910km²。其中，青海省内面积约 6330km²，甘肃省内面积约 5580km²。

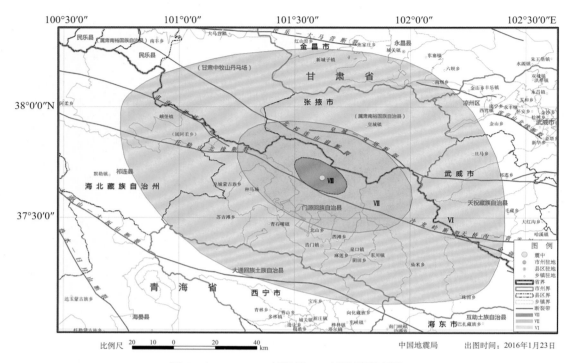

图 5.16 - 12　2016 年门源 6.4 级地震烈度图

5.17　2016 年青海杂多 6.2 级地震

5.17.1　地震概况

　　2016 年 10 月 17 日 15 时 14 分，青海省玉树藏族自治州杂多县内（东经 94.93°，北纬 32.81°）发生 6.2 级地震，震源深度 9km。震中距离杂多县城 36km，距离最近的阿多乡 20km。震源机制解如图 5.17 - 1、表 5.17 - 1。

　　发震时刻：2016 年 10 月 17 日 15 时 14 分

　　微观震中：北纬 32.81°，东经 94.93°

　　震级：6.2 级

　　地点：玉树藏族自治州杂多县

　　震源深度：9km

　　震中烈度：Ⅶ度

　　据中国地震局地球物理研究所提供的青海杂多 6.2 级地震震源机制解（图 2，表 1），本次地震的震源机制为走滑正断型，断层节面Ⅰ走向 58°，倾角 65°，滑动角 -45°；节面Ⅱ走向 171°，倾角 50°，滑动角 -146°。

　　本节内容中地震震害和发震构造部分参考了杂多 6.2 级地震灾害损失评估报告。

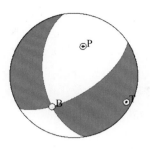

图 5.17 - 1　2016 年杂多 6.2 级地震震源机制解

表 5.17 - 1　2016 年杂多 6.2 级地震的震源机制解

节面 I （°）			节面 II （°）		
走向	倾角	滑动角	走向	倾角	滑动角
58	65	-45	171	50	-146

5.17.2　地震构造背景及发震构造

灾区地处青藏高原隆起区的中部地区，大地构造上位于唐古拉准地台。地震震中位于杂多断裂带附近（图 5.17 - 2）。

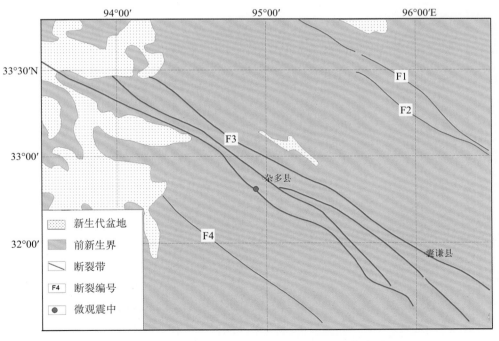

图 5.17 - 2　2016 年杂多 6.2 级地震区域地震构造图

F1. 玉树—甘孜断裂；F2. 乌兰乌拉湖—玉树南断裂；F3. 杂多断裂带；F4. 当曲河南岸断裂

　　杂多断裂带又称"解曲断裂带"，位于唐古拉山复向斜北侧的开心岑—杂多复背斜内，由若干大小不一、倾向不定、彼此交切的断裂组合而成。主体断裂向 NW 向延伸，西起乌兰乌拉湖之南，东经通天河、杂多、囊谦出省。长逾 700km，倾向南西，倾角 40°~70°，构成乌丽—囊谦台隆南界。此断裂带平面上呈锯齿状，分割两侧不同构造单元。北侧主体是晚古生代沉积，间杂上三叠统扎群，断裂十分发育，地层间多为断裂接触；南部广泛分布中、晚侏罗系。沿断裂带有白垩纪以来的断陷陆相盆地发育，并有推覆作用造成的上古生界推覆体。沿线地层产状紊乱，拖褶曲发育。

　　据航卫片资料反映，断裂活动切割最新微地貌现象普遍，沿带中强以上地震活动频繁，并于 1975 年和 1986 年在温东和赤布张湖发生两次 6.5 级地震。1988 年 11 月 5 日在雁石坪西北岗齐曲附近发生的 7.0 级地震，在地表形成了长逾 9km 的地震破裂带。因此，该断裂带是一条全新世以来有明显活动的地震断层。

5.17.3　地震烈度评定

　　根据现场调查，此次地震灾害损失评估划分为两个评估区进行计算（图 5.17 - 3）。评估区一（此次地震烈度Ⅶ度区）涉及杂多县的阿多乡和结多乡；评估区二（此次地震烈度Ⅵ度区）涉及杂多县县城、萨呼腾镇、苏鲁乡，昂赛乡、扎青乡和囊谦县灾区部分。由于杂多县的莫云乡和查旦乡部分房屋遭受轻微破坏，因此对这两个乡的损失进行了评估区之外的计算。

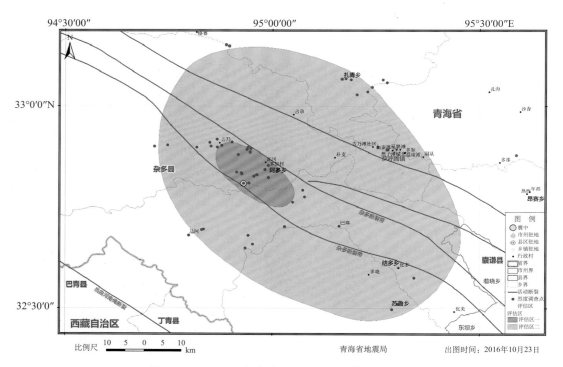

图 5.17 - 3　2016 年杂多 6.2 级地震评估区划分图

5.18 小结

　　青海省有文字记载的地震最早可追溯到东汉时期，即公元138年发生在甘肃临洮西北的6¾级地震。历史上有记载的地震大多数集中在明、清两代，绝大部分分布在青海省东部地区，这可能与青海省东部地区人口分布较稠密有关。据青海省地震目录（中国地震局监测预报司，2010），青海省1900年以来中强地震20余次，本项研究工作统计了17次中强以上地震，对这17次历史地震考察报告进行了梳理和图件的清绘整理，通过比对发现其中5次地震震级在青海省地震目录（中国地震局监测预报司，2010）和青海省历史地震考察资料记录的地震震级有差异，主要是青海省地震目录记录1979年3月29日玉树娘拉是6.2级地震，青海省历史地震考察报告记录是6.9级地震；青海省地震目录记录1979年12月2日茫崖是5.7级地震，青海省历史地震考察报告记录是5.6级地震；青海省地震目录记录1986年8月26日门源是6.5级地震，青海省历史地震考察报告记录是6.4级地震；青海省地震目录1987年2月6日茫崖西北记录是6.1级地震，青海省历史地震考察报告记录是6.2级地震；青海省地震目录记录1990年1月14日茫崖是6.5级地震，青海省历史地震考察报告记录是6.7级地震。造成这些差异的原因可能是当时工作条件的限制和地震台网较少。

第六章 主要结论

1. 基本研究结论及初步认识

1）高分辨率遥感影像、高精度测年手段以及 DGPS 等新技术在活动构造研究中的应用

（1）充分利用高清晰度卫星影像来研究活动构造。本课题使用的卫星影像主要有——IKNOS（分辨率近 1m）、SPOT（分辨率 10m）、TM 等。通过卫星影像，重点研究了水系、河流阶地以及冲洪积扇的位移、累积位移量，并结合断裂带的活动历史和地貌还原，进行位移分期与分离，即从叠加的多期活动形成的断错位移中区分出每一次地震所形成的断错位移。在一定程度上划分出了断裂的活动期次。

（2）活动构造研究中地质体的定年是关键。近年来随着加速度质谱仪的发展，^{14}C 测年精度可达到百年级；光释光测年（OSL）可达数百年；这使地质年代的测定更趋精确，从而可以更好的限定断裂的活动性。

（3）差分 GPS（Differential GPS，简称 DGPS）技术的应用。DGPS 主要用于地貌面、地形面的测量，其测量精度可达厘米级，能更精确的限定断层的位错量，从而可以更好的约束断裂的活动性。

2）青海省主要活动构造研究结果

（1）拉脊山北缘断裂带：断裂西段（青石坡以西）以逆左旋走滑活动为主，可见水系同步拐弯和山脊断错现象，断距达几十米至百余米，为晚更新世活动段；断裂东段（青石坡以东）则以垂直升降运动为主，线性特征较差，多呈舒缓的波状，反映了强烈的挤压逆冲特性。沿该断裂也无中强地震记录，且中小地震也很微弱。断裂断错黄河Ⅱ级阶地（4.5～5.3 万年），表明该断裂局部地段在晚更新世中期可能曾活动过。

（2）拉脊山南缘断裂带：断裂西段（千户村以西）多构成槽状负地形，控制着第四系松散堆积；断裂东段（千户村以东）则表现为直线状陡壁断崖。整个断裂带断裂活动以挤压为主，局部兼有左旋走滑，断裂并未断错中晚更新统粗砾冰水堆积，表明该断层在晚更新世以来活动减弱。总体上，断裂东段的活动性大于西段。沿东段有中强地震发生。

（3）日月山断裂带：分为 6 段，即大通河断裂段、热水断裂段、海晏断裂段、日月山断裂段、雪玛尼哈—上塔里段和牧场部—大崖根断裂段。日月山断裂带上已揭露出 3 次古地震事件，分别为 9645±220、6280±120 和 2220±360a B. P.，复发间隔为 3500a 左右。全新世以来的倾滑速率为 0.03mm/a。由于该断裂段最近一次古地震事件距今已接近 2220a，与其复发间隔 3365a 年相比尚有一段时间，但考虑到古地震事件的不确定性和年代样品的误差，初步推断日月山断裂带热水段的地震危险性不大，但不排除有中强地震的可能性。

（4）玛多—甘德断裂带：玛多以西断裂由多条分支断裂组成，有断裂切错最新微地貌的表现，带内多次发生过 5~6 级地震，该段是一晚更新世活动断裂段；东段差异升降运动明显，多处形成山间盆地和深切峡谷。中段（甘德段）断裂沿线分布有大量水平断错的冲沟水系和山脊扭错等现象，左旋水平位移量从几米到几百米不等，不同量级的位移量连续分布，记录了断层活动的历史，断裂晚更新世以来的平均水平滑动速率不超过 $6.63 \pm 0.15\text{mm/a}$。

1947 年达日 $7\frac{3}{4}$ 级地震是 2001 年昆仑山口西 $M_S 8.1$ 地震发生之前青海地区最大的一次地震。戴华光（1983）认为达日地震的发生是位于达日南部地区日查—克授滩断裂和一系列北西向断裂带最新活动的结果，玛多—甘德断裂则是区域内最大的一条北西向断裂。甘德段上保留的地震地表破裂带长约 50km，通过各种地貌现象的调查与分析认为，该破裂带是一条较新的地表破裂。最新一次地震活动的最大左旋水平位移 7.6m，最大垂直位移 4m。各种研究表明，并非所有地震都能产生地表破裂带。通过野外调查的结果并根据地震地表破裂参数与震级的统计关系，计算得到在该破裂带上发生的地震震级约为 7.7 级左右，与发生在附近的 1947 年达日 $7\frac{3}{4}$ 地震相当，不排除达日地震直接或者间接（触发）产生了该破裂带。

（5）玉树—甘孜断裂带：自东向西可划分为 5 段，即甘孜段（长 65km）、马尼干戈段（长 180km）、邓柯段（长 90km）、玉树段（长 100km）、当江段（100km）。当江段和玉树段全新世左旋滑动速率约为 $7.3 \pm 0.6\text{mm/a}$；邓柯段、玛尼干戈段和甘孜段全新世左旋滑动速率约为 $12 \pm 2\text{mm/a}$。历史上当江段 1738 年曾发生 $7\frac{1}{2}$ 级地震，最大同震左旋位移约 5m，地震地表破裂带长约 50km；邓柯段 1896 年曾发生 $7\frac{1}{2}$ 级地震，最大同震左旋位移约 5m，地震地表破裂带长约 50km；玛尼干戈段公元 1320 ± 65 曾发生 8.0 级地震，最大同震左旋位移约 9m，地震地表破裂带长约 180km；甘孜段 1854 年曾发生 7.0 级地震，最大同震左旋位移约 5.3m，地震地表破裂带长约 65km；玉树段 2010 年发生 $M_S 7.1$ 地震，最大同震左旋位移约 2.4m，地震地表破裂带长约 65km。

此次研究在玉树段古地震探槽开挖，揭示 $M_S 7.1$ 地震事件之前结古存在 2 次古地震事件，结隆存在 1 次古地震事件。由于测年样品正在测试中，虽然目前我们还不能得出明确的古地震事件年龄及断裂的滑动速率与古地震复发周期；但是根据野外地貌面调查与探槽断错地层层位分析，我们可以得出玉树—甘孜断裂玉树段在 2010 年 7.1 级地震之前至少存在 2 次古地震事件，玉树段是一强烈活动的全新世活动段。

（6）大柴旦—宗务隆山断裂带：该断裂带第四纪时期经历了多次逆冲活动。断层活动不断向山前迁移，形成多条断裂。早期的断层活动发育在基岩里，未发现断层晚第四纪活动的迹象；第二期断层活动断错山前台地，造成 II 级阶地断错；在晚更新世晚期—全新世早期活动；最新一期断层活动造成山前洪积扇断错，并在山前形成一系列陡坎，该段晚更新世—全新世活动显著，晚更新世以来的平均垂直滑动速率为 $0.41 \pm 0.27\text{mm/a}$。

（7）东昆仑断裂带：该断裂带全新世活动非常强烈，沿带多处见有老地层逆冲于全新世地层之上。古地震遗迹也十分广泛。全新世以来断裂活动以左旋走滑为主。晚更新世以来断裂带的平均滑动速率虽各段有所差异，但都在 5mm/a 以上，有的到达 10mm/a 以上，而且全新世以来有明显增强趋势。2001 年 11 月 14 日 $M_S 8.1$ 地震是该断裂最新活动的结果。

（8）鄂拉山断裂带：沿鄂拉山断裂带的多数冲沟均发育了不同级别的冲洪积阶地，断裂活动造成多级阶地断错。鄂拉山断裂晚更新世晚期以来的平均水平滑动速率为 $4.1 \pm 0.9\text{mm/a}$；鄂拉山断裂带在阶地水平断错的同时，还在阶地上形成了明显的断层陡坎，得到该断裂晚更新世晚期以来的平均垂直滑动速率为 0.15±0.1mm/a 左右。

（9）青海南山北缘断裂断错最新地层为河流 T3 级阶地，断层经过处河流 T1 级阶地未发现断错迹象；河流 T3 级阶地的形成年龄大约 10 万年，T1 级阶地的形成年龄大约 1 万年，因此认为青海南山北缘断裂晚更新世早期活动，全新世以来不活动。

（10）夏日哈北侧断裂错断了 T3 阶地，因此推断其活动时代应为晚更新世—全新世。

（11）昆中断裂由 3 条次级断裂组成，野外调查认为北昆中断裂和南昆中断裂为早中更新世断裂，晚更新世以来活动，中昆中断裂为晚更新世活动断裂。

（12）热水—桃斯托河断裂为新发现断裂，沿线线性形迹显著，错断多期冲洪积扇体及河流阶地，并发育约 6km 长的地震地表破裂，探槽揭露显示，其最新错动地质体已接近地表，因此其活动时代应为全新世。

（13）倒淌河—循化断裂断错最新地层为河流 T3 级阶地，断层经过处河流 T1 级阶地未发现断错迹象；河流 T3 级阶地的形成年龄大约 10 万年，T1 级阶地的形成年龄大约 1 万年，因此认为青海南山北缘断裂晚更新世早期活动，全新世以来不活动。

2. 历史地震

青海省有文字记载的地震最早可追溯到东汉时期，即公元 138 年发生在甘肃临洮西北的 6¾ 级地震。历史上有记载的地震大多数集中在明、清两代，绝大部分分布在青海省东部地区，这可能与青海省东部地区人口分布较稠密有关。据青海省地震目录（中国地震局监测预报司，2010），青海省 1900 年以来中强地震 20 余次，本项研究工作统计了 17 次中强以上地震，对这 17 次历史地震考察报告进行了梳理和图件的清绘整理，通过比对发现其中 5 次地震震级在青海省地震目录（中国地震局监测预报司，2010）和青海省历史地震考察资料记录的地震震级有差异，主要是青海省地震目录记录 1979 年 3 月 29 日玉树娘拉是 6.2 级地震，青海省历史地震考察报告记录是 6.9 级地震；青海省地震目录记录 1979 年 12 月 2 日茫崖是 5.7 级地震，青海省历史地震考察报告记录是 5.6 级地震；青海省地震目录记录 1986 年 8 月 26 日门源是 6.5 级地震，青海省历史地震考察报告记录是 6.4 级地震；青海省地震目录 1987 年 2 月 6 日茫崖西北记录是 6.1 级地震，青海省历史地震考察报告记录是 6.2 级地震；青海省地震目录记录 1990 年 1 月 14 日茫崖是 6.5 级地震，青海省历史地震考察报告记录是 6.7 级地震。造成这些差异的原因可能是当时工作条件的限制和地震台网较少。

3. 研究存疑

（1）因工作条件极为不便，高原冻土区开挖探槽难度较大，探槽开挖浅，探槽的布置上不是很均匀，探槽数量少，加之探槽剖面中古地震期次较少及存在测年误差等原因，对确定的古地震事件可能会存在一定的不确定性或遗漏，有待今后进行更多的古地震大探槽的开挖研究加以解决。

（2）由于工作时间和工作经费问题，很多配套工作不能同时开展，同样测年样品的数量多少也是影响研究精度的因素之一。

（3）本书稿时间仓促，难免有很多错误之处，请大家批评指正，待再版时修改。

4. 青海省主要活动构造研究今后的工作（研究）方向

（1）对已研究活动构造逐渐补充新的资料，丰富其研究内容，以期对其活动性及危险性评价作出更全面的结论。

（2）相关部门逐渐加大经费支持力度，逐步开展其他活动构造的研究，系统全面掌握青海省活动构造分布及其活动特征，力求获得青海省内地震构造特征及其地震危险性的新的、全面的认识。为青海省强震活动趋势判定提供科学依据；同时为青海省重大工程选址及地震安全性评价工作提供科学依据；为青藏块体的演化与变形提供参考。

参 考 文 献

陈立春、王虎、冉勇康、孙鑫喆、苏桂武、王继、谭锡斌、李智敏、张晓清，2010，玉树 M_S7.1 地震地表破裂与历史大地震 [J]，科学通报，55（13）：1200~1205

崔笃信、王庆良、王文萍，2008，昆仑 8.1 级地震对青藏高原东北缘地壳形变场的影响 [J]，大地测量与地球动力学，（03）：1~8

戴华光，1983，1947 年青海达日 7¾级地震 [J]，西北地震学报，（03）：71~77

邓起东、张培震、冉勇康等，2003，中国活动构造与地震活动 [J]，地学前缘，10（特刊）：66~73

杜瑞林、游新兆、乔学军，2001，长江三峡工程诱发地震监测系统中的 GPS 监测网及其观测结果 [J]，地壳形变与地震，（01）：46~52

高孟潭、肖和平、燕为民、俞言祥、陈鲲、陈学良，2008，中强地震活动地区地震区划重要性及关键技术进展 [J]，震灾防御技术，（01）：1~7

葛伟鹏、王敏、沈正康等，2013，柴达木—祁连山地块内部震间上地壳块体运动特征与变形模式研究 [J]，地球物理学报，56（9）：2994~3010

何文贵、刘百篪、袁道阳、杨明，2000，冷龙岭活动断裂的滑动速率研究 [J]，西北地震学报，（01）：91~98

黄汲清等，1980，1：400 万中国大地构造图 [J]，科学出版社

江在森、马宗晋、张希、王琪、王双绪，2003，GPS 初步结果揭示的中国大陆水平应变场与构造变形 [J]，地球物理学报，（03）：352~358

李智敏、李文巧、田勤俭等，2013，青藏高原东北缘热水—日月山断裂带热水段古地震初步研究 [J]，地球物理学进展，28（4）：1766~1771

李智敏、李文巧、殷翔等，2019，利用构造地貌分析日月山断裂晚更新世以来的演化 [J]，地震地质，41（5）：781~792

李智敏、苏鹏、黄帅堂等，2018，日月山断裂德州段晚更新世以来的活动速率研究 [J]，地震地质，40（3）：656~671

李智敏、屠泓为、田勤俭、张军龙、李文巧，2010，2008 年青海大柴旦 6.3 级地震及发震背景研究，地球物理学进展，25（3）：768~775

李智敏、王强、屠泓为，2012，热水—日月山断裂带遥感特征初步探讨 [J]，高原地震，24（03）：16~22

梁诗明，2014，基于 GPS 观测的青藏高原现今三维地壳运动研究 [D]，中国地震局地质研究所

刘金瑞、任治坤、张会平等，2018，海原断裂带老虎山段晚第四纪滑动速率精确厘定与讨论 [J]，地球物理学报，61（4）：1281~1297

刘小龙、袁道阳，2004，青海德令哈巴音郭勒河断裂带的新活动特征 [J]，西北地震学报，（04）：16~21

彭华、马秀敏、白嘉启、杜德平，2006，甘孜玉树断裂带第四纪活动特征 [J]，地质力学学报，（03）：295~304

青海省地震局，青海大柴旦 6.4 级地震现场科考报告，2009

青海省地震局，青海德令哈 6.6 级地震综合科学考察报告，2003

青海省地震局，青海共和 6.0 级地震考察研究报告，1994

青海省地震局，青海共和 7.0 级地震考察研究报告，1990

青海省地震局，青海霍逊湖地区 6.3 级地震考察报告，1977

青海省地震局，青海茫崖 6.2 级地震宏观考察报告，1987

青海省地震局，青海茫崖 6.4 级地震地震考察报告，1977

青海省地震局，青海茫崖6.7级地震考察报告，1990

青海省地震局，青海门源6.4级地震现场科考报告，2016

青海省地震局，青海省达日1947年7¾级地震考察报告，1984

青海省地震局，青海省茫崖5.6级地震考察报告，1986

青海省地震局，青海唐古拉7.0级地震考察报告，1988

青海省地震局，青海兴海6.6级地震宏观烈度考察报告，2000

青海省地震局，青海玉树7.1级地震现场科考报告，2010

青海省地震局，青海杂多6.2级地震灾害损失评估报告，2016

青海省地震局，玉树娘拉6.9级地震总结报告，1979

青海省地震局、兰州地震研究所，青海门源6.7级地震宏观考察报告，1986

任纪舜，2003，新一代中国大地构造图——中国及邻区大地构造图（1：5000000）附简要说明：从全球看中国大地构造 [J]，地球学报，（01）：1~2

孙鑫喆、徐锡伟、陈立春、谭锡斌、于贵华、李智敏、苏桂武、王继、张晓清，2012，2010年玉树地震地表破裂带典型破裂样式及其构造意义 [J]，地球物理学报，55（01）：155~170

涂德龙、王赞军、曾包红、高强，1998，青海省湟水盆地全新世活动断裂分布及其活动特征研究 [J]，西北地震学报，（04）：83~90

王绳祖，2001，亚洲中东部岩石圈下层网络状塑性流动与应变场 [J]，地质论评，（05）：459~466

王绳祖，2002，青藏高原岩石圈多层构造应力场 [J]，地震，（03）：21~26

闻学泽、徐锡伟、郑荣章、谢英情、万创，2003，甘孜—玉树断裂的平均滑动速率与近代大地震破裂 [J]，中国科学（D辑：地球科学），（S1）：199~208

徐锡伟、闻学泽、郑荣章、马文涛、宋方敏、于贵华，2003，川滇地区活动块体最新构造变动样式及其动力来源 [J]，中国科学（D辑：地球科学），（S1）：151~162

杨晓东、陈杰、李涛、李文巧、刘浪涛、杨会丽，2014，塔里木西缘明尧勒背斜的弯滑褶皱作用与活动弯滑断层陡坎 [J]，地震地质，36（01）：14~27

姚宜斌，2008，利用高精度复测GPS网进行中国大陆区域地壳运动特征分析 [J]，地球物理学进展，（04）：1030~1037

尹金辉、陈杰、郑勇刚、张克旗、刘粤霞，2005，海原断裂带刺儿沟古地震剖面炭屑——^{14}C年龄及其意义 [J]，地震地质，（04）：578~585

袁道阳、刘小龙、刘百篪、张培震，2003，青海热水—日月山断裂带古地震的初步研究 [J]，西北地震学报，（02）：42~48

袁道阳、张培震、刘百篪等，2004，青藏高原东北缘晚第四纪活动构造的几何图像与构造转换 [J]，地质学报，78（2）：270~278

张波，2012，西秦岭北缘断裂西段与拉脊山断裂新活动特征研究 [D]，中国地震局兰州地震研究所

张希、崔笃信、王文萍、蒋锋云、王双绪、张晓亮，2008，利用GPS资料分析汶川地震前后川滇及其邻区水平运动及应变积累 [J]，地震研究，31（S1）：464~470

中国地震局监测预报司，青海省地震目录，2010

周德敏，2005，青藏高原东北缘现今地壳形变的GPS观测研究 [D]，中国地震局地质研究所

周荣军、马声浩、蔡长星，1996，甘孜—玉树断裂带的晚第四纪活动特征 [J]，中国地震，（03）：250~260

周荣军、闻学泽、蔡长星、马声浩，1997，甘孜—玉树断裂带的近代地震与未来地震趋势估计 [J]，地震地质，（02）：20~29

Ren Zhikun, Zhang Zhuqi, Chen Tao et al. , 2016, Clustering of offsets on the Haiyuan fault and their relationship to paleoearthquakes［J］, Geological Society of America Bulletin, 128 (1/2): 3-18

Zielke O, Arrowsmith J R, 2012, LaDiCaoz and LiDARimager-MATLAB GUIs for LiDAR data handling and lateral displacement measurement［J］, Geosphere, 8 (1): 206-221